ZEITSCHRIFT FÜR ANGEWANDTE GEOLOGIE

HERAUSGEGEBEN VON
DER STAATLICHEN GEOLOGISCHEN KOMMISSION
UND DER ZENTRALEN VORRATSKOMMISSION
DER DEUTSCHEN DEMOKRATISCHEN REPUBLIK

AUS DEM INHALT

AKADEMIE-VERLAG · BERLIN

BAND 10 / HEFT 5
MAI 1964
SEITE 225—280

Die ZEITSCHRIFT FÜR ANGEWANDTE GEOLOGIE berichtet ständig über folgende Arbeitsgebiete: Geologische Grundlagenforschung und Lagerstättenforschung / Methodik der geologischen Erkundung / Ökonomie und Planung der geologischen Erkundung / Technik der geologischen Erkundung / Geologie und Lagerstättenkunde im Ausland. In der Zeitschrift können alle strittigen Fragen der praktischen Geologie behandelt werden. Die Autoren übernehmen für ihre Aufsätze die übliche Verantwortung.

ZEITSCHRIFT FÜR ANGEWANDTE GEOLOGIE

KOLLEKTIVE CHEFREDAKTION

Dr. K. KAUTER (Redaktionssekretär)
Dr. F. STAMMBERGER
Dr. G. TISCHENDORF
Dipl.-Berging.-Geol. G. ZINDLER

BAND 10 · MAI 1964 · HEFT 5

Stand der Kenntnisse bei der Suche nach Zinnlagerstätten im Osterzgebirge[1]

GERHARD TISCHENDORF, Berlin

(Mitteilung aus dem Zentralen Geologischen Institut)

Infolge der intensiven Kartierungs- und Bergbautätigkeit im Erzgebirge, Thüringer Wald und im Harz in der Vergangenheit ist die Wahrscheinlichkeit gering, heute in den genannten, zutage ausstreichenden Faltengebirgen noch größere Lagerstätten anzutreffen, die an der Erdoberfläche ausbeißen. Bei der Suche nach neuen Lagerstätten müssen wir uns darauf orientieren, im Faltengebirge verborgene und zudem evtl. noch durch jüngere Sedimente überdeckte Erzanreicherungen zu finden. Relativ unkompliziert sind die Verhältnisse, wenn der primäre Dispersionshof der verborgenen Lagerstätten durch hydrogeochemische oder pedogeochemische Sucharbeiten an der Erdoberfläche erfaßt werden kann. Weit komplizierter und auch kostspieliger werden die Arbeiten, wenn der Nachweis einer Erzkonzentration durch direkte Verfahren von der Erdoberfläche aus nicht erfolgen kann und durch indirekte, z. B. geophysikalische Methoden, verbunden mit anschließenden Bohrarbeiten, ersetzt werden muß.

Obwohl größere Lagerstätten an der Erdoberfläche im Gebiet unserer Republik heute kaum mehr anzutreffen sein werden, muß man sich hüten, alte verlassene, nur bis in geringe Teufe vorgedrungene Grubenreviere ungeprüft zu pessimistisch einzuschätzen. Bestimmte Gründe, die früher zum Verlassen einer Grube geführt haben (Wassermangel oder zu starke Wasserzuflüsse, zu geringer Erzgehalt, mangelnde Aufbereitbarkeit des Erzes), brauchen heute nicht mehr zu gelten. Wichtig ist, aus dem Studium der alten Bergbauunterlagen Hinweise über die Art der Mineralisation zu erhalten, um eine Prognose über die Fortsetzung der Vererzung nach der Teufe geben zu können.

Zur Anreicherung des Zinns im geochemischen Kreislauf

Das Element Zinn reichert sich im endogenen Bereich ausschließlich in sauren Magmatiten und in den an diese geknüpften Lagerstätten an. Wie OELSNER (1952 a, b) aus dem Studium der Granite des Erzgebirges und der dazugehörigen Lagerstätten ableiten konnte, scheinen die größten Zinnkonzentrationen vor allem an die letzten Differentiate eines granitischen Batholithen gebunden zu sein. Aus anderen Zinnerzgebieten werden ähnliche Gesetzmäßigkeiten von WESTERFELD (1936) und ROZHKOV, FLEROV & KONDAKOV (1962) berichtet. Die zuletzt genannten Autoren vermerken darüber hinaus, daß zinnhöffige Zonen einerseits innerhalb geosynklinaler Senken oft an Gebiete terrigener Ablagerungen gebunden sind und daß andererseits die Verbreitungsgebiete von Zinnlagerstätten der Kassiterit-Quarz-Formation mit dem Bereich der stärksten Geosynklinalsenkungen zusammenfallen. WATZNAUER (1955) kommt für das Saxothuringikum zu der Schlußfolgerung, „daß die größte lagerstättenbildende Wirkung des varistisch spätorogenen Magmatismus in den zentralen Faltungsräumen, d. h. in jenen Gebieten auftritt, die nach der Hauptfaltung die stärkste isostatische Aufwärtsbewegung erfuhren". Dabei stellt er fest, daß eine maximale Konzentration des Metallgehaltes am schärfsten bei Zinn zum Ausdruck kommt. SCHRÖCKE (1952, 1954) ist entgegen OELSNER der Meinung, daß Zinnvererzungen auch an ältere varistische Granite geknüpft sein können.

Zinn kann als Kassiterit sowohl im Verlaufe der Hauptkristallisation saurer Magmatite zusammen mit Orthoklas, Muskovit und Quarz abgeschieden werden (magmatischer Kassiterit) und in der deuterischen Phase als auch in Pegmatiten, in Pneumatolyten, wobei metasomatisch gebildete Anreicherungen (Zinngreisen) von gangförmigen Ausscheidungen unterschieden werden, schließlich in hydrothermalen Absätzen als Nadel- oder Holzzinn. Kassiterit ist ein typisches Durchläufermineral. Ständige Erzmineralbegleiter, besonders in Pegmatiten und Pneumatolyten, sind Wolframit und Molybdänit; an Nichterzmineralen treten Quarz, Topas und Glimmer (Muskovit, Phlogopit, Lithionit, Zinnwaldit) meist mit erhöhten Li-, Be-, Rb-, Cs- und Tl-Gehalten auf. In Silikaten der Zinnparagenese (Glimmer, Topas) werden auch Gallium und Germanium z. T. erheblich angereichert. In der hydrothermalen Phase postgranitischer Restlösungen kann Zinn bei stärker reduzierenden Bedingungen als Stannin, gewöhnlich in Paragenese mit Sphalerit, Chalkopyrit und Fahlerzen, fixiert werden. Da magmatisch und hydrothermal gebildeter Kassiterit sowie Stannin in erzgebirgischen Lagerstätten nie in nennenswertem Maße angereichert wurden, haben sie keine ökonomische Bedeutung, es sei denn, daß z. B. magmatischen Kassiterit enthaltende granitische Partien zusätzlich vergreist werden.

Kassiterit ist eines der unter exogenen Verhältnissen widerstandsfähigsten Minerale. Er ist typisch für Seifenbildungen und wird daher in Resistaten konzentriert. Andere Zinnanreicherungen im exogenen Bereich sind nicht bekannt. Das im Stannin sulfidisch gebundene Zinn wird unter supergenen Bedingungen, so in der Oxydationszone stanninführender Lagerstätten, zu sekundärem Kassiterit oxydiert (zinnerner Hut). Derartige Bildungen sind z. B. aus Freiberg bekannt geworden (MÜLLER 1901, OELSNER 1930).

---

[1]) Eingang des Manuskripts in der Redaktion: 14. Januar 1964

Über die Art und Verteilung der in der Deutschen Demokratischen Republik bekannten Zinnlagerstätten

Es ist auffällig, daß von den im Gebiete der Republik zutage tretenden, in der varistischen Orogenese geprägten Faltengebirgsteilen (Harz, Flechtinger Höhenzug, Thüringer Wald und Erzgebirge) praktisch nur das Erzgebirge Zinnerzanreicherungen führt, auf denen in der Vergangenheit Bergbau umging und die zu einem Teil auch in der Gegenwart bebaut werden.

Über das Auftreten von Kassiterit im Harz ist lediglich die Notiz von ZINCKEN (1832), den Fund von Kassiterit im Granit der Roßtrappe betreffend, bekannt. Im Flechtinger Höhenzug tritt Kassiterit nicht auf. Für den Bereich des Thüringer Waldes nennen ZIMMERMANN (1912) und FREYBERG (1923) kassiteritführende Gänge am Büchig bei Hirschberg, worauf 1560—1563 Bergbau umgegangen sein soll. Nach ZIMMERMANN haben spätere Untersuchungen die Zinnführung nicht bestätigen können. Neuere Kartierungs- und Sucharbeiten im Raum Sparnberg haben ergeben (MEINEL 1958, 1959, 1960), daß in lokal ausgebildeten Skarnerzkörpern im Bereich der schwach entwickelten Lagerstättenaureole des verborgenen Granits von Sparnberg und in vergreisten Partien des Granits selbst örtlich Kassiterit in einigen Hundert bis maximal Tausenden g/t auftritt.

Die Tatsache dieser ungleichen Zinnverteilung im Bereich der drei genannten Faltengebirgsteile ist um so erstaunlicher, als in jedem der Gebiete posttektonische Granite intrudierten, an die z. T. größere Buntmetallagerstätten geknüpft sind. Für die ausgesprochene Zinnarmut des Harzes und auch des Thüringer Waldes muß als Grund angenommen werden, daß die betreffenden palingenisierten Geosynklinalsedimente relativ zinnarm und daß die Differentiationsvorgänge innerhalb der granitischen Batholithen nicht so weit gediehen waren, wie es für die Bildung von Zinnlagerstätten der fluiden Phase offenbar notwendig ist, daß es in Verbindung damit nicht zur Intrusion jüngster granitischer Nachschübe kam und die betreffende lagerstättenkundliche Situation (Intrusionsniveau, Intrusionstektonik u.a.) keine Zinnerzanreicherungen zuließ. Im gleichen Sinne ist die Tatsache zu werten, daß im Harz und im Thüringer Wald auch keine anderen pegmatitisch-pneumatolytischen Erzlagerstätten aus Restlösungen varistischer Granite gebildet wurden.

Die Zinn-Clarkezahl für Granit wird von TUREKIAN & WEDEPOHL (1961) und von WINOGRADOW (1962) übereinstimmend mit 3 g/t angegeben. Dieser Wert spiegelt den Zinndurchschnittsgehalt aller Granite wider; er gilt nicht für einzelne Regionen und auch nicht für altersunterschiedliche Granite einer Region. Gerade das Element Zinn kann als Beispiel dafür gelten, daß sich manche Elemente in bestimmten Gebieten und in einer bestimmten orogenetischen Aera besonders anreichern. So ist bekannt, daß an varistische granitische Magmatite besonders Zinnlagerstätten geknüpft sind. Innerhalb der varistischen Magmenkomplexe können der Lagerstättenbezirk von Cornwall und das Erzgebirge zu den zinnreichsten Erzlagerstättengebieten gerechnet werden.

Über die Paragenese, Geochemie und die lagerstättenkundlichen Verhältnisse der erzgebirgischen Zinnlagerstätten sind wir vor allem durch die Arbeiten von O. W. OELSNER (1952 a, b), SCHRÖCKE (1952, 1954, 1955) und KAEMMEL (1961) unterrichtet. Von den Lagerstätten des sächsischen Anteils des Erzgebirges werden von ihnen — von Osten nach Westen fortschreitend — behandelt: Altenberg, Zinnwald, Sadisdorf, Seiffen, Pobershau bei Marienberg, Ehrenfriedersdorf, Geyer, St. Christoph bei Breitenbrunn, Gabe Gottes im Dönitzgrund südlich Eibenstock, Gottesberg, Tannenbergsthal/Mühlleithen und Lauterbach bei Oelsnitz im Vogtl. Als einziges Zinnerz tritt Kassiterit auf.

Im Erzgebirge können drei Bereiche von Zinnlagerstätten unterschieden werden:

a) das Osterzgebirge mit den Lagerstätten Altenberg, Zinnwald, Sadisdorf und vielen früher bebauten Zinnvorkommen;
b) das Gebiet um Ehrenfriedersdorf, Geyer, Greifensteine und
c) das Gebiet des Eibenstocker Granitmassivs mit den Lagerstätten Tannenbergsthal/Mühlleithen, Gottesberg und den alten Zinnrevieren bei Eibenstock, am Auersberg und im Dönitzgrund.

Die restlichen bekannten Zinnlagerstätten Seiffen, Pobershau, Lauterbach und die an Skarne geknüpften Vorkommen, z. B. im Raum Schwarzenberg, treten isoliert auf.

Bei der Suche nach Zinnlagerstätten zu beachtende geologische Faktoren

Bei Sucharbeiten nach zinnführenden Lagerstätten müssen folgende Gesichtspunkte Beachtung finden:

1. Für eine ökonomische Gewinnung des Zinns kommen ausschließlich Großlagerstätten in Frage. Diese sind im Erzgebirge stets an Greisenkörper gebunden. Geringe Zinngehalte im Roherz ($< 0,3\%$) können bei gutartigen Verwachsungsverhältnissen zugunsten eines großen Lagerstättenvorrates in Kauf genommen werden. Pegmatitische, auf Gängen auftretende pneumatolytische und hydrothermale Zinnmineralisationen haben für die Erkundung und spätere Gewinnung auf Grund der meist geringen Zinnerzmengen nur geringe Bedeutung. Derartige bekannte oder neu aufgefundene Kassiteritvorkommen müssen allerdings als Hinweis für mögliche Greisenbildung im weiteren Lagerstättenbereich Beachtung finden.
2. Zinnführende Greisenkörper treten vor allem im Dach und innerhalb der obersten Kuppenteile der (vermutlich) jüngsten varistischen Granitnachschübe auf. Junge Granitstöcke bzw. Granitrücken, an der Erdoberfläche bekannt oder durch Ausbiß eines Kontakthofes in nicht allzu großer Teufe zu vermuten, sind zinnhöffige Bereiche. Verborgene Granite oder Greisenstöcke können weiterhin an Stellen vermutet werden, an denen an der Oberfläche alter Zinnbergbau umging.
3. Große zinnführende Greisenstöcke werden vor allem dann gebildet, wenn das Dach über der granitischen Nachintrusion dicht war und es nicht zum Abrauchen der hochgespannten pneumatolytischen Restlösungen kam. Im Dach über vermuteten Greisen- oder Granitstöcken auftretende pneumatolytische oder hydrothermale kassiteritführende Gänge sind diesbezüglich kritisch einzuschätzen, da sie wohl einerseits als Kriterium für eine tiefer liegende Granitintrusion gelten können, andererseits aber auch auf diesen Spalten die gesamten oder ein Großteil der Restlösungen abtransportiert sein können und der Mineralinhalt zum Teil eben dort ausgefällt wurde.
4. Mit Hilfe gravimetrischer Spezialvermessungen lassen sich bei günstigen Bedingungen Form und Tiefe der als Störkörper im Schwerefeld auftretenden verborgenen Granite oder Greisenstöcke lokalisieren. Wie die gravimetrischen Regionalvermessungen im Erzgebirge (GROSSE, KOPF & SONNTAG 1958, 1961; C. OELSNER 1961, 1963) und auch die im Verlaufe älterer Sucharbeiten auf Zinnlagerstätten durchgeführten Spezialvermessungen (BODDIN & HERTWIG 1954, BODDIN 1958, 1959; C. OELSNER 1960) allerdings gezeigt haben, kann bei den im Untersuchungsgebiet vorhandenen, komplizierten geologischen Verhältnissen durch gravimetrische Untersuchungen nicht eindeutig vorhergesagt

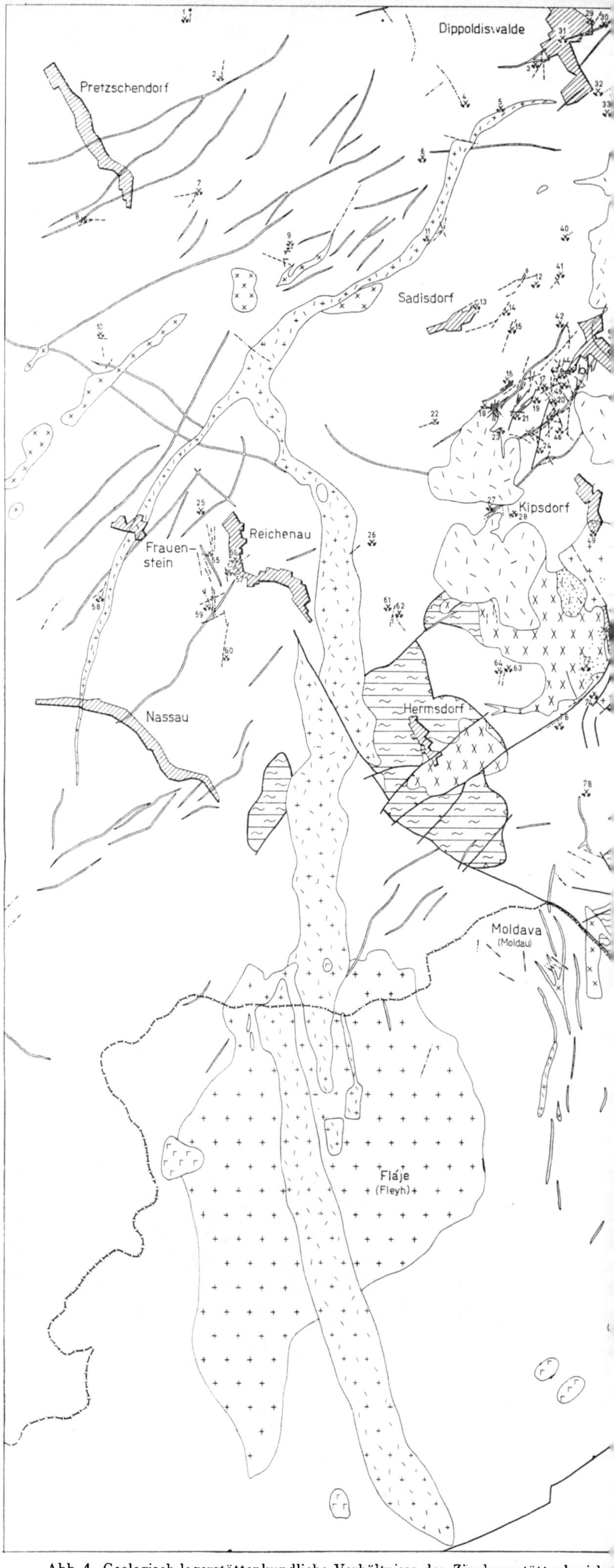

Abb. 1. Geologisch-lagerstättenkundliche Verhältnisse des Zinnlagerstättenbezirke
der Ergebnisse von A. & S. LÄCHELT 1958, SACK 1958, SATTRAN 1958, SEIM 1953,
des VEB Geol. E

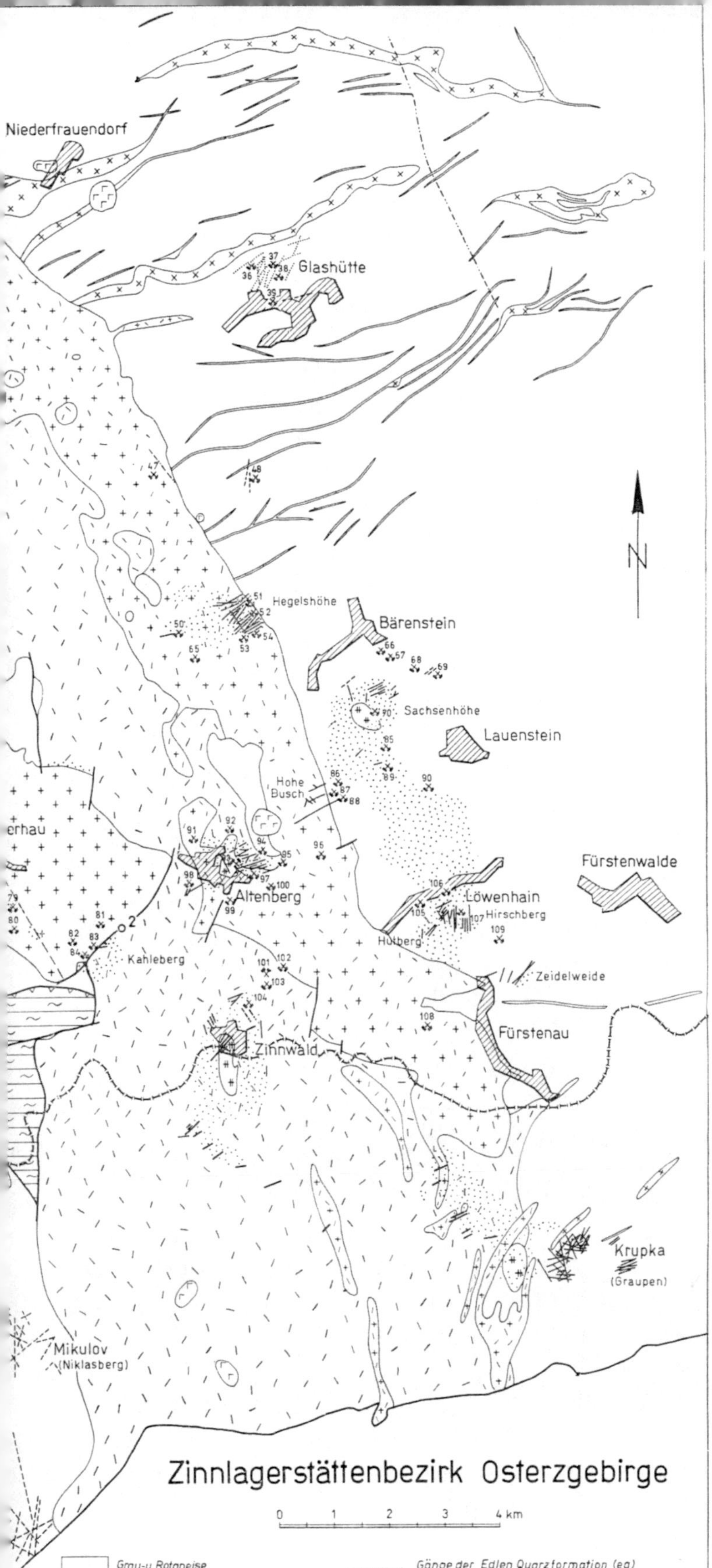

birge (unter Benutzung der geologischen Spezialkarten im Maßstab 1:25000, nmanuskriptes M-33-VIII und von Unterlagen aus dem Lagerstättenarchiv Süd, Freiberg)

werden, ob es sich bei den Schweremaxima oder -minima um Granit- oder Greisenrücken bzw. -stöcke handelt. Die Dichteunterschiede der in Frage kommenden Gesteinstypen sind in vielen Fällen zu gering und die Dichteschwankungen innerhalb eines Gesteinstyps (Granite verschiedener Körnigkeit, hydrothermale oder supergen beeinflußte Granite, Quarzporphyre, Granitporphyre und entsprechende vergreiste Gesteine) oft zu groß, um gemessene Anomalien a priori zuordnen zu können. Erschwerend wirkt darüber hinaus, daß vererzte und unvererzte Greisenstöcke je nach dem Hüllgestein sowohl als Schwereminimum als auch als Schweremaximum wirken können.

Unter Beachtung der Größe der bekannten zinnführenden Gebiete im Erzgebirge und damit der Möglichkeit, mittlere bzw. große oder mehrere Lagerstätten anzutreffen, weiter unter Beachtung der Anzahl der jeweils auftretenden alten Zinnbergbauspuren, der Genese ihrer Mineralisation und des Höffigkeitsgrades der einzelnen Strukturen kann festgestellt werden, daß gegenwärtig das Zinnrevier des Osterzgebirges als das für weitere Sucharbeiten auf Zinnanreicherungen aussichtsreichste Gebiet angesprochen werden kann. Im Zinnrevier Geyer — Ehrenfriedersdorf — Greifensteine ist die Aussicht, außerhalb der bekannten Grubenreviere weitere größere Zinnlagerstätten anzutreffen, nach den Untersuchungen der letzten Jahre (Bolduan 1961, C. Oelsner 1960) gering. Erkundungsarbeiten im unmittelbaren Vorland der Grube Ehrenfriedersdorf werden von dem Betrieb selbst durchgeführt (Baumann 1962). Im Bereich des Eibenstocker Granits besteht die Möglichkeit, neben den bekannten Zinnlagerstätten noch neue aufzufinden. Wahrscheinlich sind Zinnanreicherungen dort bevorzugt an die kontaktnahen Teile des Granitmassivs gebunden; die zentraler gelegenen erscheinen wenig perspektiv.

Zur Geologie des Zinnreviers im Osterzgebirge

Als das Zinnrevier des Osterzgebirges wollen wir jenes Gebiet verstehen, das im N durch eine W—E verlaufende Linie durch den Ort Dippoldiswalde begrenzt wird, im W durch die Linie Pretzschendorf—Hermsdorf, im Osten durch die Linie Glashütte—Fürstenwalde und im Süden durch den Erzgebirgsabbruch (Abb. 1). Die nachfolgenden Ausführungen beziehen sich auf den sächsischen Anteil des umgrenzten Areals. Um die geologischen Erscheinungen nicht aus dem Zusammenhang zu lösen, werden einige den böhmischen Teil betreffende Daten für Schlußfolgerungen mit herangezogen.

Das Zinnrevier des Osterzgebirges umfaßt die Blätter der geologischen Karte von Sachsen, Maßstab 1:25000, Dippoldiswalde-Frauenstein (5147; 100), Dippoldiswalde-Glashütte (5148; 101), Nassau (5247; 118), Altenberg (5248; 119) und Fürstenwalde (5249; 120). Der geologische Rahmen besteht aus Graugneisen (Unterer Freiberger Gneis — gnf, Oberer Freiberger Gneis — gnk) mit eingeschuppten Rotgneispartien (plattiger Rotgneis, Muskovitgneis — mgn, Glimmerfels, Quarzmuskovitschiefer, Granatglimmerfels — mg). Im E treten bei Lauenstein—Löwenhain, mehr noch bei Fürstenwalde und dann vorwiegend auf dem Gebiet der ČSSR „granitisch-körnige“ Gesteine auf, die auf den geologischen Spezialkarten als Biotitgranite (Gα) bezeichnet werden und entweder als ein Äquivalent der Gesteine des tiefsten Anschnittes der Freiberger Gneiskuppel oder als Glied der Rotgneisgruppe gelten dürften (Pietzsch 1962). Bei Hermsdorf und bei Rehefeld lagern dem Gneis mit tektonischer Begrenzung Phyllitschollen auf.

Das Osterzgebirge stellt im Varistikum einen Bereich intensiver magmatischer (intrusiver und extrusiver) Tätigkeit dar. Die magmatektonische Entwicklung des Varistikums wird durch die Intrusion der Granite von Fláje, Schellerhau und Niederbobritzsch eingeleitet. Der Flájer Granit tangiert das Untersuchungsgebiet im SW. Der Schellerhauer Granit befindet sich im Zentrum des Untersuchungsgebietes. Das Aufsetzen des Niederbobritzscher Granites in streichender Fortsetzung des Schellerhauer Massivs (nordwestlich vom Untersuchungsgebiet) und die längliche, gleichgerichtete Form beider Intrusivkörper geben in Verbindung mit dem Verlauf des starken NW—SE gerichteten und nach NW stetig abfallenden gravimetrischen Schwereminimums den Hinweis, daß die Linie Zinnwald—Schellerhau—Niederbobritzsch—Roßwein als die bereits im Verlaufe der erzgebirgischen Phase ausgeprägte Kammlinie der ältesten granitischen Intrusion des Erzgebirges angesprochen werden muß. Die Intrusion der genannten drei Granite wird von allen jüngeren Bearbeitern (Pietzsch, Oelsner, Schröcke, Watznauer) übereinstimmend als posterzgebirgisch, etwa z. Z. des Westfals, angenommen. Nach Seim (1953) kann im Schellerhauer Granitmassiv eine ältere porphyrische und eine jüngere mittelkörnige Varietät unterschieden werden.

Ob postmagmatische hydrothermale Erzlagerstätten an die genannten älteren Granite geknüpft sind, wird schwerlich endgültig geklärt werden können. Auf Grund der Altersbeziehungen im Freiberger Lagerstättenbezirk wird angenommen, daß die Gänge der Edlen Quarzformation (eq) einem zeitlichen und offensichtlich auch stofflichen Tiefenäquivalent des Niederbobritzscher Granites zugeordnet werden können. Dasselbe kann auch für die eq-Mineralisation von Frauenstein–Reichenau angenommen werden, nur daß hier von einem Tiefenäquivalent des Flájer Granites gesprochen werden muß. Sattran (1959) ist im Gegensatz hierzu der Meinung, daß zum eigentlichen Flájer Granit keine Vererzung gehört, höchstens zu chemisch verwandten, jüngeren Nachschüben. Bei den magmatitfernen eq-Gängen wird eine Zuordnung der Erzmineralisation zu einem Muttermagmatit immer problematisch bleiben. An Stellen, an denen der entsprechende Magmatit aufgeschlossen ist, sind die ihm zuzuordnenden Erzgänge seit langem erodiert. An Stellen, an denen die Erzmineralisation aufgeschlossen ist, liegt der dazugehörige Magmatit in relativ großer Teufe, wahrscheinlich stets über 1000 m.

Diesen ältesten magmatischen Bildungen folgt die Extrusion des oberkarbonischen Quarzporphyrs von Schönfeld, der nur ein kleines Areal einnimmt und dessen Altersstellung durch auflagerndes Westfal B/C gesichert scheint. Lagerstättenkundliche Bedeutung kommt ihm nicht zu. Zeitlich anschließend ist die Bildung der Gangporphyre des Sayda-Berggießhübler Porphyrgangschwarmes anzusetzen, die zwischen Frauenstein und Dippoldiswalde eine NE—SW gerichtete Erstreckung, nach Osten zu eine mehr E—W gerichtete einnehmen. Die Mächtigkeit der Gänge kann im Bereich von einigen Metern bis einigen Hunderten von Metern schwanken. An etlichen Stellen besitzen sie eine stockförmige Erweiterung. Diesen Gängen und besonders den stockförmigen Erweiterungen muß hinsichtlich der Suche nach jüngeren Granitnachschüben Aufmerksamkeit geschenkt werden, da sie für Subintrusionen geeignete Schwächezonen darstellen.

Den überwiegenden Anteil der Magmatite des Osterzgebirges nehmen die mächtige, sich etwa NNW—SSE erstreckende Decke des Teplitzer Quarzporphyrs und der sich zeitlich anschließende, mehr gangförmig ausgebildete und in zwei großen Zügen aufsitzende Granitporphyr ein. Von PIETZSCH (1962) werden beide als stefanisch angesehen; SCHRÖCKE (1954) setzt sie in das Unterrotliegende. Teplitzer Quarzporphyr und Granitporphyr sind z. T. Nebengestein der Zinnerzgänge oder Ausgangsmaterial für Greisenbildungen.

Jünger als der Teplitzer Quarzporphyr und der Granitporphyr, also vermutlich unterrotliegend oder saalisch, sind die durch ihre Zinnvererzung bekannten „Zinngranite" von Altenberg und Zinnwald. Das Alter des in unteren Freiberger Gneis intrudierten Stockgranites von der Sachsenhöhe bei Lauenstein ist nicht unmittelbar zu bestimmen. Durch die mit ihm genetisch verbundene Zinnvererzung wird er zu Recht mit den Graniten von Altenberg und Zinnwald zeitlich parallelisiert werden können. Über das Alter des Granites bzw. der Granite von der Kupfergrube Sadisdorf herrschen geteilte Meinungen. OELSNER (1952b) zählt den Innengranit zu den Zinngraniten, hält ihn also für genetisch gleich und altersgleich mit dem Altenberger und dem Zinnwalder Granit. SCHRÖCKE (1952, 1954) tritt für höheres Alter der Kupfergrübner Granite (Außen- und Innengranit) ein, da er feststellte, daß an die Granite heran- und durchsetzende Porphyrgänge des Sayda-Berggießhübler Porphyrschwarms jünger sind als die Granite und unvergreist. WATZNAUER (1954) und SEIM (1955) schließen sich der SCHRÖCKEschen Meinung hinsichtlich der Altersstellung an; SEIM spricht darüber hinaus die Vermutung aus, daß die Schellerhauer Granite und die Sadisdorfer gleichalte karbonische Zinngranite darstellen.

Im Untersuchungsgebiet treten einige tertiäre Basaltdurchbrüche auf; die bedeutendsten sind der Geising bei Altenberg und der Luchberg bei Niederfrauendorf.

Die lagerstättenkundliche Situation und die Gesetzmäßigkeiten der Verteilung von Zinnanreicherungen im Zinnrevier des Osterzgebirges

Tiefe und Form der Oberfläche des verborgenen Granitareals stellen für Erkundungsarbeiten auf postmagmatische Lagerstätten allgemein und für Zinnlagerstätten speziell die wichtigsten Suchkriterien dar. Über den Verlauf der Oberfläche der varistischen Granitintrusionen — ohne Rücksicht auf ihr Alter, d. h. ihre orogenetische Stellung und damit ihre mögliche Erzführung — können gravimetrische Regional- und Spezialvermessungen Auskunft geben. Bei komplizierten geologischen Bedingungen werden die festgestellten Anomalien vieldeutig. Über den Verlauf der Oberfläche der verschieden alten Granitintrusionen können durch zutage ausgehende oder im Bergbau bekannt gewordene Erzmineralisationen (Erzformationen) gleichfalls Hinweise erhalten werden, wenn man die von verschiedenen Autoren, z. B. O. W. OELSNER, vertretene Zuordnung bestimmter Paragenesen zu Graniten bestimmten Alters annimmt und wenn die allgemein anerkannten Gesetzmäßigkeiten der Entfernung des Bildungsortes einer bestimmten Mineralparagenese vom Muttermagmatit (zonale Anordnung) bei der Interpretation des Verlaufes der Granitoberkante angewendet werden.

Ergebnisse gravimetrischer Messungen im Osterzgebirge

Aus dem Untersuchungsgebiet liegen die Berichte spezieller gravimetrischer Messungen von GRAF (1944), BODDIN & HERTWIG (1954) und BODDIN (1959) vor, außerdem der Bericht der regionalen Vermessung des gesamten Osterzgebirges von C. OELSNER (1961, 1963). Das wichtigste Ergebnis der regionalen Messung besteht zweifellos in der Feststellung eines ausgeprägten nach W und NE flach abfallenden Schwereminimums im Bereich der Meßtischblätter Altenberg, Nassau, Dippoldiswalde—Frauenstein, Dippoldiswalde—Glashütte (—30 bis —39 mGal) mit einer streng NW—SE gerichteten, nach NW eintauchenden Schwereminusachse, die sich (mit ab- und anscharenden Nebenachsen) von Zinnwald im äußersten SE über den Kahleberg, Schellerhau, die Kupfergrube Sadisdorf, Niederbobritzsch, Conradsdorf bis in den Raum von Roßwein im NW erstreckt, dort in Gebieten verlaufend mit Meßwerten um —3 bis ±0 mGal (Abb. 2). Die Schwereminusachse verläuft sowohl im Bereich der Längserstreckung des Schellerhauer als auch des Niederbobritzscher Granits. Damit wird angezeigt, daß sich in dieser NW—SE gerichteten

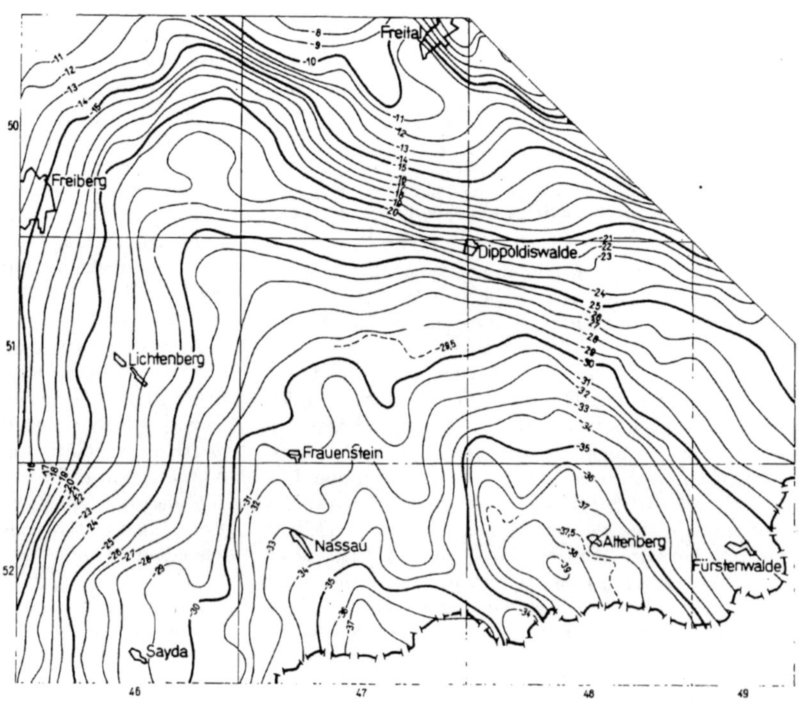

Abb. 2. Karte der BOUGUER-Schwerestörung des Osterzgebirges (in mGal), reduziert mit Zwischenniveau, (aus C. OELSNER, 1963)

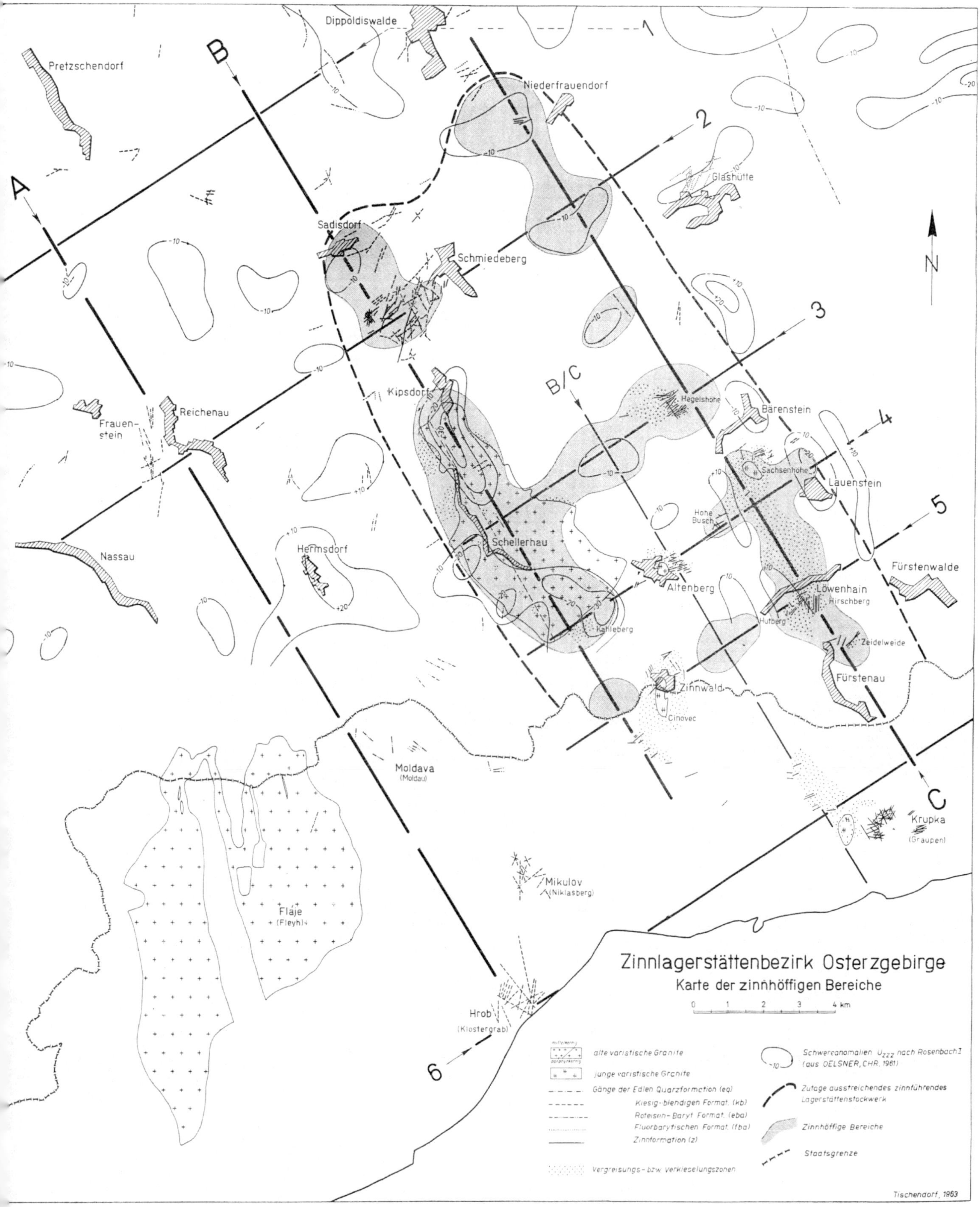

Abb. 3. Karte der zinnhöffigen Bereiche im Zinnlagerstättenbezirk Osterzgebirge

Zone tatsächlich die höchste Aufwölbung des granitischen Batholithen („Granitvorsprung von Freiberg" = Freiberger Pluton und seine Fortsetzung nach SE nach C. OELSNER 1961) vorfindet.

C. OELSNER konstruiert auf Grund seiner Untersuchungen den Verlauf der Granitoberkante im Osterzgebirge, kommt aber wegen des relativ großen Punktabstandes seiner Messungen zu keinen Aussagen über die speziellen Verhältnisse des Verlaufes kleinerer Granitkuppen bzw. -rücken im zinnführenden Gebiet. Der zweifellos vorhandene, verborgene Granitrücken von Löwenhain—Lauenstein z. B. hebt sich wegen des kleinen Maßstabes seiner Messungen nicht ab. Wichtig erscheint der Hinweis C. OELSNERs, daß das Schwereminimum bei Schellerhau und damit der Schellerhauer Granit relativ steil nach Westen abtauchen, ganz im Gegensatz zur Ostflanke. Dort ergibt sich aus dem unruhigen Verlauf und dem nur flachen Abfallen der Isogammen, daß der granitische Tiefenkörper noch relativ oberflächennah aufsetzt. Östlich Altenberg werden auf der Karte der BOUGUER-Schwerestörung NE—SW (erzgebirgisch) streichende Elemente sichtbar.

Die von OELSNER vorgelegten Karten der 2. Ableitung der Schwere (U_{zzz}) nach ROSENBACH I und VIII, speziell die Karte U_{zzz} nach ROSENBACH I, welche die Schwereverhältnisse des höheren Stockwerks widerspiegelt, zeigen neben den ausgeprägten NW—SE gerichteten Anomalien auch deutlich NE—SW gerichtete. Bedeutung für das Aufsuchen verborgener Granitkörper haben die negativen Restfeldanomalien bei Lauenstein, südlich und westlich von Niederfrauendorf, südlich Sadisdorf, südlich Kipsdorf und jene zwischen Schellerhau und Bärenstein (s. Abb. 3).

In einzelnen besonders zinnhöffigen Gebieten wurden vor der regionalen Untersuchung bereits spezielle gravimetrische Messungen durchgeführt, so bei Niederfrauendorf, an der Hegelshöhe, im Bereich des Granites an der Sachsenhöhe (BODDIN & HERTWIG 1954), im Bereich des Kahleberges und bei Löwenhain (BODDIN 1959). Die geophysikalischen Messungen an der Hegelshöhe ergaben ein Schweremaximum, das mit dem Zentrum der bekannten Zinnvererzung zusammenfällt und von einem Gürtel loser Schwereminima umgeben ist. Die geophysikalischen Ergebnisse weisen hier bei großzügiger Ausdeutung auf einen relativ großen, verborgenen Granitstock mit einem vergreisten Kern hin.

Wie die im Evaweg ca. 800 m nordöstlich vom Kahleberg 1958 niedergebrachte Bohrung gezeigt hat, ist das kräftige Schwereminimum vom Kahleberg nicht auf die Intrusion eines jungen Granites zurückzuführen, sondern stellt das Zentrum des gesamten das Osterzgebirge unterteufenden Batholithen dar.

Die im Jahre 1963 durchgeführte spezielle gravimetrische Vermessung im gesamten Zinnrevier des Osterzgebirges wird eine detailliertere Einschätzung der Schwereverhältnisse in einzelnen höffigen Gebieten erlauben.

Die Gesetzmäßigkeiten der Verteilung von Zinnanreicherungen im Zinnrevier des Osterzgebirges

Wenngleich die Genesis einiger Zinnlagerstätten des Erzgebirges durchaus noch recht umstritten ist (z. B. die von Sadisdorf), sind wir doch durch die umfangreiche Erkundungstätigkeit und die bergmännischen Arbeiten in den letzten 25 Jahren über die geologische Situation im Bereich der einzelnen, in der Gegenwart oder in der jüngsten Vergangenheit bebauten Lagerstätten recht gut unterrichtet. Schon viel weniger wissen wir über die Petrologie und Geochemie der magmatischen Extrusiva, da über die mehr geologisch-tektonisch orientierte Arbeit von MOESTA (1928) hinaus außer der auf dem Gebiet der ČSSR erfolgten Untersuchung von FIALA (1959) bis jetzt noch keine neueren Bearbeitungen vorliegen. Fast gar keine Untersuchungen aber sind von den zahlreichen auf Silber, Zinn, Kupfer oder auch Blei bebauten Vererzungen der alten, in einigen Fällen bis gegen 1860 bis 1870 in Betrieb befindlichen Gruben durchgeführt worden, die für eine lagerstättenkundliche Gesamteinschätzung des Gebietes von großer Bedeutung wären. Hinweise in neueren Arbeiten auf die Art der früher gewonnenen Erze gehen fast ausschließlich auf Unterlagen des Archivs der Bergakademie Freiberg (Archiv des ehemaligen Oberbergamtes Freiberg) oder auf die Darlegungen älterer Autoren wie FREIESLEBEN 1848, MÜLLER 1867, REYER 1897, DALMER 1890, 1894 und SCHWARZ 1913 zurück, die ihrerseits (REYER, SCHWARZ) ihre Kenntnisse gleichfalls zum Teil aus alten Unterlagen bezogen haben.

Schon DALMER (1894) erkannte, daß die Zinnerzlagerstätten des Osterzgebirges zwei etwa NW—SE gerichteten Zonen zugeordnet werden können; einer, die von Graupen über Zinnwald, Schellerhau bis nach Schmiedeberg—Sadisdorf führt, und einer zweiten, die bei Fürstenau beginnt, die Greisenzone von Löwenhain mitsamt dem Granit der Sachsenhöhe umfaßt und bei der Hegelshöhe endet. Seit DALMER haben eine Reihe von Bearbeitern diese regelmäßige Anordnung der Zinnvererzungen betont, so SCHENDERLEIN (1941), DONATH (1946), O. W. OELSNER (1952b) und SCHRÖCKE (1954), zum Teil ohne die originale Feststellung DALMERs allerdings zu erwähnen. SCHENDERLEIN bezieht in den östlichen Zinnvererzungszug das Vorkommen von Niederfrauendorf mit ein, DONATH macht dann auf weitere NE—SW gerichtete Zonen, denen Zinnvererzungen und andere postmagmatische Mineralisationen zuzuordnen sind, aufmerksam und zählt zu einer südlichen Zone die Vererzungsgebiete von Hrob (Klostergrab) und Krupka (Graupen), zu einer mittleren den Bereich von Altenberg bis zur Sachsenhöhe und zur nördlichen Zone die Vererzungen von Frauenstein—Reichenau, Sadisdorf—Schmiedeberg, Niederfrauendorf und Glashütte. DONATH glaubt in den in nordsüdlicher Richtung angeordneten Vererzungen von der Hegelshöhe, Altenberg und Zinnwald eine weitere strukturell bedingte erzführende Zone aushalten zu können.

Bei der Suche nach neuen Zinnlagerstätten sind Gesetzmäßigkeiten, die sich aus der Abhängigkeit der Granitintrusion von der Tektonik ergeben, von ausschlaggebender Bedeutung. Diese von DALMER in ihren Grundzügen bereits erkannte Abhängigkeit stellt in Verbindung mit den gravimetrischen Messungen und den lagerstättenkundlichen, aus der Paragenese der Minerale abzulesenden Gegebenheiten das wichtigste Kriterium bei der Suche und Erkundung neuer Zinnlagerstätten im Osterzgebirge dar. Das Aufsetzen der Granit- bzw. Lagerstättenzonen folgt den im Erzgebirge dominierenden tektonischen Richtungen, nämlich NW—SE (steilherzynisch) und NE—SW (erzgebirgisch). Die NW—SE-Richtung ist in Übereinstimmung mit den geophysikalischen Ergebnissen die ausgeprägtere, die NE—SW-Richtung die untergeordnetere.

Im Lagerstättenbereich des Osterzgebirges können folgende NW—SE gerichtete, magmatektonische Zonen, die sich durch entsprechende Erzmineralisationen verfolgen lassen, unterschieden werden (Abb. 3):

Zone A (jeweils im SE beginnend): Erzrevier von Hrob (Klostergrab), Baryt-Fluorit-Gänge bei Moldava (Moldau), Erzrevier von Frauenstein—Reichenau, Erzgänge südlich Pretzschendorf.

Zone B: Lagerstättenbezirk Zinnwald, Kahleberg, Pöbelknochen, Vergreisenungs- und Vererzungsgebiete im Bereich des Schellerhauer Granits bzw. dessen Kontaktgesteine, Revier Niederpöbel—Schmiedeberg mit der Kupfergrube Sadisdorf.

Die magmatektonische Zone B setzt sich nach NW bis in das ehemalige Erzrevier nahe den Orten Obercunnersdorf, Klingenberg, Höckendorf und Dorfhain fort.

Zone C: Klösenbergrevier bei Krupka (Graupen), Zeidelweide bei Fürstenau, Revier am Hutberg und am Hirschberg bei Löwenhain, Löwenhainer Greisenzone, Erzrevier an der Sachsenhöhe, Hegelshöhe, Zinnvererzung bei Niederfrauendorf, Erzrevier von Dippoldiswalde.

Die magmatektonische Zone C setzt sich nach NW weiter fort bis zu dem ehemaligen Revier bei Edle Krone.

Fast genau im rechten Winkel zu den Zonen A bis C verlaufend, können weitere NE—SW streichende magmatektonische Zonen (Querzonen) verfolgt werden, die sich gleichfalls vor allem durch die Anordnung entsprechender Erzmineralisationen zu erkennen geben:

Querzone 1: ehemalige Bergbaugebiete südlich und südöstlich Pretzschendorf, südwestlich Dippoldiswalde und bei Dippoldiswalde selbst;

Querzone 2: Erzreviere Frauenstein—Reichenau, Niederpöbel—Schmiedeberg und Glashütte;

Querzone 3: Vergreisenungs- und Vererzungsgebiete bei Schellerhau und der Hegelshöhe;

Querzone 4: Kahleberg, Raupennest, Zwitterstock Altenberg, Hohe Busch, Erzrevier an der Sachsenhöhe;

Querzone 5: Erzrevier Zinnwald, Vererzungsgebiete am Hutberg und am Hirschberg bei Löwenhain;

Querzone 6: ehemaliges Erzrevier bei Hrob (Klostergrab), Revier Krupka (Graupen); in der nordöstlichen Fortsetzung dieser Zone setzen die Erzgänge von Telnice (Tellnitz) auf.

Im folgenden soll die lagerstättenkundliche Situation der Erzvorkommen der NW—SE streichenden Zonen A, B, C und einer zwischen den Zonen B und C liegenden Subzone B/C, soweit sie für die Suche nach neuen Zinnlagerstätten von Bedeutung sind, im Detail behandelt werden.

Zone A

Obwohl sich durch die Mineralisation der Erzreviere von Hrob, Mikulov, Moldava, Frauenstein—Reichenau (Gruben 25, 55, 56, 57, 59, 60; siehe Tab. und Abb. 1) und der Erzgänge südlich Pretzschendorf (Gruben 8, 10) deutlich ein in der Tiefe zu vermutender, sich NW—SE erstreckender Granitrücken abzeichnet, scheidet die genannte Zone für Sucharbeiten auf Zinnlagerstätten, zumindest auf dem Gebiet unserer Republik, vorerst aus. Die Vererzungen bei Hrob und Mikulov sind vom Typ der eq-, kb- und fba-Formation (SATTRAN 1958), die Baryt-Fluorit-Gänge von Moldava gehören zur eba- oder fba-, die Vererzung von Frauenstein—Reichenau wird zur eq-Paragenese gerechnet (MÜLLER 1901). Die Gänge bei Pretzschendorf sind durch relativ starke Pyritführung gekennzeichnet und lassen sich einem besonders kiesreichen Äquivalent der kb-Mineralisation zuordnen.

Bei den die Mineralisation in dieser Zone bewirkenden Granitintrusionen handelt es sich offenbar um ältere varistische Granite, die in Übereinstimmung mit der geophysikalischen Interpretation (C. OELSNER 1961, 1963) tief aufsetzen. Grundsätzlich kann jedoch mit der Möglichkeit gerechnet werden, daß im Bereich dieser Zone auch jüngere varistische zinnlagerstättenführende Granite intrudiert sind. An der Erdoberfläche ist diese Möglichkeit nach den derzeitigen Kenntnissen nicht angezeigt[2]); durch die inhomogene Gesteins- und damit Schwereverteilung bedingt (Hermsdorfer Phyllitscholle, Granitporphyr und Quarzporphyrgänge) wird ein Nachweis junger Granitintrusionen durch gravimetrische Messungen außerordentlich erschwert.

Zone B

Die Zone B ist ihrer Lage nach identisch mit der Achse des zentralen osterzgebirgischen Schweremimimums, die von Zinnwald—Kahleberg über die Granite von Schellerhau, Niederbobritzsch weiter bis Nossen und darüber hinaus bis nach Wurzen—Delitzsch verläuft. Bei dieser Zone handelt es sich um das Zentrum der magmatischen und in Verbindung damit gleichzeitig auch der lagerstättenbildenden Vorgänge im Varistikum des Osterzgebirges. Im Bereich dieser Zone oder in ihrer unmittelbaren Nachbarschaft setzen einerseits die großen älteren varistischen Granite (Schellerhau, Niederbobritzsch) und die jüngeren varistischen Granite (Krupka, Zinnwald, Altenberg, Sadisdorf) auf, andererseits aber vor allem die metallreichen Erzvorkommen von Krupka, Zinnwald, Altenberg, Sadisdorf und Niederpöbel—Schmiedeberg, die kranzförmig um den Niederbobritzscher Granit angeordnete eq-Mineralisation im äußeren Freiberger Erzgebiet und die Lagerstätten bei Freiberg, Halsbrücke und Brand-Erbisdorf.

Über die lagerstättengenetische Situation von Zinnwald sind wir durch die Arbeiten von OELSNER (1952b), SCHRÖCKE (1954) und ŠTEMPROK (1960, 1961, 1962) ausreichend informiert. Auf die speziellen Ergebnisse ihrer Untersuchungen sowie auch der über Altenberg und Sadisdorf soll in diesem Zusammenhang nicht eingegangen werden. Sucharbeiten in unmittelbarer Nachbarschaft von größeren Lagerstätten erscheinen wenig aussichtsreich, weil zu vermuten ist, daß das granitmagmatische Zuzugsgebiet für die Bildung einer zweiten Großlagerstätte nahe einer bereits bekannten nicht gegeben ist. Auf diese Überlegung hat auch SCHRÖCKE (1955) aufmerksam gemacht.

Das Vererzungsgebiet am Kahleberg fällt mit dem absoluten Schwereminimum des sächsischen Teiles des Osterzgebirges zusammen. Dieses befindet sich mit über —39 mGal ca. 800 m nordöstlich vom Kahleberg (Abb. 2). Wie bereits angeführt, konnte ein von seiten der geophysikalischen und auch der lagerstättenkundlichen Überlegungen her in diesem Gebiet vermuteter junger granitischer Störkörper nicht nachgewiesen werden. Statt dessen durchteufte eine direkt im Zentrum des Minimums angesetzte 309,4 m tiefe Bohrung (Bohrung 2,

[2]) Nach freundlicher Mitteilung von Dr. CHRT, Prag, sind neuerdings auch im Bereich der Zone A bei Moldava Vergreisenungszonen in Quarzporphyrgängen bekannt geworden.

Tabelle. Zusammenstellung einiger Daten ehemaliger und noch in Betrieb befindlicher Gruben aus dem Untersuchungsgebiet (im wesentlichen nach Unterlagen des Archivs der BA Freiberg und des Lagerstättenarchivs des VEB Geologische Erkundung Süd)

Nr.	Name der Grube	Paragenese	Formationstyp	Bergbau	Produktion
Blatt 100, Dippoldiswalde – Frauenstein					
1	Sonnenglanz Stl.	–	kb	–	–
2	Reicher Segen Estl.	Zn, Cu, Fe (Pb); Si	kb	1749–51, 1861–74	–
3	Heilige Drei Könige Estl.	Cu, Pb, Zn; Si	kb	16. Jh., 1701–53, 1792–1807	Kupfer, Silber
4	Schmiedebergs Hoffnung Estl.	Fe_2O_3; Si, F, Ba	eba	1830–52	Eisen
5	Himmelsfürst Estl.	Fe, (Ag); Si	eq?	vor 1798, 1801	–
6	Hohe Tanne Estl.	Pb, Ag; Ba, Si	fba	1829–41	Silber, Blei
7	Erzengel Estl.	Cu, Pb, Fe; Si	kb	1555–88, 1728–46, 1794	Silber, Kupfer
8	Himmlisch Heer Fdgr.	Fe, S, Zn, Cu, Pb; Si	kb	1564–74, 1628, 1713–59, 1826–28, 1874–83	Silber, Kupfer, Pyrit, Alaun
9	Gelobt Land Estl.	Cu, Pb, As, Fe; Si	kb	1742–43, 1764, 1832–67	Silber, Kupfer
10	Prinz Clemens Estl.	Fe (Pb); Si	kb	1790–1823	–
11	Morgenstern Estl.	Fe, Pb, Ag (As); Si, Ca, Ba	eq, fba	1768–71, 1798–1866	Silber
12	Gregorius Estl.	Pb, Cu, Ag; Si, F, Ba	kb, fba	16. Jh., 1798–1805	Silber, Blei
13	Beschert Glück Estl.	Pb, Cu, Fe, Zn; Si, F, Ba	Cu-kb, fba	1608···17, 1757, 1797–1818, 1824–30	Silber, Kupfer, Blei
14	Kreuz Estl.	Cu, Fe, Pb, Zn; Si, Ca	Cu-kb	1531–1620, 1655, 1798	Silber, Kupfer
15	Windleithe Estl.	Cu, Pb (Ag)	Cu-kb	1544–1602; 1680–83, 1729–33, 1794–1801	Silber, Kupfer, Blei
16	Unverhofft Glück Estl. und Weiße Frau Fdgr.	Cu, Pb, Fe, As, (Sn); Si	Cu-kb, z	17. Jh., 1759–1804	Silber, Blei, Kupfer
17	Oberer, Mittlerer und Niederer Löwe	Cu, Zn, Pb, Co (Ag, Sn); Si, F	Cu-kb	16. + 17. Jh., 1716–69	Silber, Kupfer (Zinn)
18	Kupfergrube Sadisdorf	Sn, W, Bi, Mo-Greisen, Cu, Pb, Zn, (Ag); Si, Ba, F	z-w, Cu-kb, fba	1500···1769, 1832–54, 1905–22, 1936–54	Zinn, Kupfer, Silber, Wolfram Molybdän, Wismut
19	Zinnfang Stl.	Sn, Cu, Fe, As	z, Cu-kb	1805–10, 1849–54	–
20	Silber Hoffnung Estl. samt Perlschacht	Pb, Cu, Bi, Co, Ni, Ag, Mo, Sn; Si, Ba, F, Ca	Cu-kb, eba BiCoNi, z	1545–1667···1705–41 1832–89	Silber, Kupfer, Molybdän, Wismut, Wolfram, Zinn
21	Hilfe Gottes Estl.	Sn, As (Ag)	z	1624–41, 1712···1717	Zinn, Silber
22	Glück und Segen Estl.	Pb, Zn, Cu; Si	kb	16. Jh., 1793–1802	–
23	Gut Glück Stl.	Fe (Sn); Si	z (?)	vor 1805	–
24	Eule Fdgr.	Cu, Pb, As, Ag; Si, Ca, F, Ba	Cu-kb, fba	vor 1541–1600, 1630···1741, 1830–54	Silber, Kupfer
25	Friedrich Christoph Stl.	Pb, Cu, Fe, Ag; Si, Ca	eq	1526–1695, 1712–1834	Silber
26	Treuer Bergmann tiefer Stl.	Fe, Fe_2O_3, Pb, Ag; Si	eq?	1791···1823	–
27	St. Michaelis Stl.	Pb, As, Fe, Cu, Ag; Si	eq	vor 1800, 1832–42	Silber
28	Himmelsfürst Stl.	Pb, As, Fe, Cu, Ag; Si, Ba	eq, fba	vor 1800, 1832–33	Silber
Blatt 101, Dippoldiswalde – Glashütte					
29	Jesus Sirach Stl.	Cu, Pb	kb	16. Jh., 1746, 1798	–
30	Güldene Fuchs Fdgr.	Pb, Fe, Zn	kb	1723, 1756···1803	Silber
31	St. Johannes Estl.	Zn, Pb, Cu; Si	kb	1608–25, 1749–54	Silber, Kupfer
32	Beständig Glück Estl.	Pb, Zn, Cu, Fe; Si	kb (fba?)	1730···1819	Silber
33	Osterlamm Fdgr.	Pb, Zn, Cu, Fe; Si, Ba, F, Ca	kb, fba	1559 ? 1705···1842	Silber, Kupfer, Blei
34	Gesegnete Bergmanns Hoffnung	–	kb	–	–
35	Bergmanns Hoffnung Fdgr.	Sn	z	16. Jh., 1749–54, 1801–07	Zinn
36	Hohe Birke Fdgr.	Co, Ag, Pb, Cu, Bi, Fe; Ca, Ba, F, Si	fba, BiCoNi	16. Jh., 1684–1734, 1749 bis 52, 1787–1834	Silber, Blei
37	Heilige Geist Fdgr.	Pb, Ag; F, Ba, Si	fba	1524–1605, 1712–27	Silber, Kupfer
38	Israel Fdgr.	Co, Pb, Ag; Ba, F, Ca	fba	1521···1714, 1788–1834	Silber, Blei
39	St. Erasmus Estl. Vereinigt Feld	Co, Ag. Pb, Cu; Ca, Ba, F, Si	fba, BiCoNi	16. Jh.–1640, 1781–1866	Silber, Kupfer
40	Gottes Gabe Fdgr.	Ag, Co; Ba	fba, BiCoNi	vor 1749, 1775, 1783	Silber
41	Tiefer Pöbler Haupt-Stl.	Fe, Cu, Pb, Zn, As; Si, F, Ba, Ca	kb	1835–46	–
42	Eichhorn Estl.	Fe, As; Si, Ba, (F)	kb, fba	1841–54, 1926···1935	?, Baryt
43	Löwenmuth Estl.	–	Cu-kb	vor 1800, 1833–43	–
44	Milde Hand Gottes Estl.	Fe, Cu, Sn; Si, Ba	z, Cu-kb	17. Jh., –1772, 1853–55	Zinn, Kupfer
45	Erzengel Fdgr.	Cu, Pb, Fe, Zn (Sn); Si (F)	Cu-kb	1615–27	Silber, Kupfer, Zinn
46	Hoffnung zu Gott Fdgr.	Pb, Cu, Zn, Fe, As, Ag (Sn)	Cu-kb	1561, 1698–1753, 1851–53	Silber, Zinn
47	Drei Brüder Stl.	Fe_2O_3; Si	eba	–	–
48	St. Christoph Fdgr.	Cu, Zn, Fe, As, Pb (Sn?) Si, F, Ba	kb, eba	1711–16, 1749–58, 1864–81	Silber, Kupfer, Blei
49	Fischer Stl.	Fe_2O_3; Si	eba	bis 1850, 1856–61	Eisen
50	St. Christoph	Sn	z	–	–
51	St. Johannes Fdgr.	Cu, Fe, As, Sn; Si, F, Ba	Cu-z	16. Jh., 1710–88	Kupfer, Zinn, Silber
52	Aaron Stl.	Cu, Sn ?	Cu-z	1713–1803	–
53	Neubeschert Glück Fdgr.	Cu, Fe, As, Sn; Si, F	Cu-z	1841–64, 1911	Zinn
54	Neue Hoffnung tiefer Stl.	Cu, Fe, As, Sn; Si, F	Cu-z	1856–63	–

Tabelle (Fortsetzung)

Nr.	Name der Grube	Paragenese	Formationstyp	Bergbau	Produktion
Blatt 118, Nassau					
55	Friedrich Christoph Estl.	Fe, Sb, Co, Zn, Pb, Ag; Si, F, Ca	eq	1526–1615, 1712···1834	Silber
56	Pfingstfest Estl.	Cu, Fe, Pb, Zn; Si, Ca	eq	1731, 1789···1813, 1818–35	Silber, Blei
57	Heiliger Geist Estl.	Fe, Cu	eq	1732–34	–
58	Goldene Scheibe Estl.	Ag; Si, Ca	eq	1787···1823	Silber
59	Friedrich August Estl.	Fe, Sb, Ag, As; Si, F, Ca	eq	vor 1698, 1698···1711···98, 1814–87	Silber, Blei
60	Gnade Gottes Estl.	Fe, Pb, Cu; Si	kb	1699···1817	Silber, Kupfer
61	Segen des Herrn Estl.	Fe, As, Zn, Ag; Si, F, Ca	eq	vor 1780, 1790–1801	Silber
62	Silberberg Estl.	Fe, Zn, As, Pb, Ag; Si, Ca, F	eq	vor 1788, 1788···1828, 1867–73	Silber
63	Johannes Estl.	Fe, As, Ag; Si	eq	1790–93	–
64	Blühende Hoffnung Estl.	Pb, Fe, Zn, Ag; Si, F, Ca	eq	vor 1790, 1790···1824	–
Blatt 119, Altenberg					
65	St. Johannes Estl.	Sn, Cu	Cu-z	1572, 1701–04, 1802–08	Zinn
66	König Salomonis Estl.	Sn, Ag; Si, Ba, F	z	1793–1805, 1840–53	Zinn
67	Heilige Dreikönige tiefer Estl.	Sn; Si, Ba	z	1559, 1852–54	–
68	Hiob St. samt MichaelisFdgr.	Sn, Cu; Si, F, Ba, Ca	Cu-z	16. Jh., 1714–92, 1852···77,	Zinn
69	Gabe Gottes Fdgr.	Pb, Zn, Cu, (Ag, Sn); Si, Ca, Ba, F	kb, eba	1614, 1803–06, 1857–64	Zinn, Silber, Kupfer
70	Daniel Fdgr.	Sn	z	1557, 1823, 1852–64, 1911–19	Zinn, Kupfer
71	Vergnügter Bergmanns Estl.	Sn, Fe_2O_3	z, eba	1756, 1802–1808	Zinn, Eisen
72	Hilfe Gottes Fdgr.	Fe_2O_3	eba	–	Eisen
73	Treue Freundschaft und Wilhelmine Stl.	Fe_2O_3	eba	1796	Eisen
74	Magdalena Estl.	Pb, Zn, Cu, As (Ag)	kb	1757–1801	Silber
75	Neuer Segen Gottes Stl.	Fe; Si, F	kb	1828–36	Eisen
76	Grüne Hoffnung und Hilfe Gottes Estl.	Pb, Cu, Fe, Zn; Si, Ba, F	kb, fba	1798–99, 1802···31	Silber
77	Eisenzeche Segen Gottes	Fe_2O_3; Si, Ba	eba	1600, 1781–1868	Eisen
78	Glücksbescherung Fdgr.	Fe; Si	kb	1853–65	–
79	Kempenzeche	Sn-Greisen	z		–
80	Gelobt Estl.	Sn-Greisen	z	16. Jh., 1780, 1800–09, 1856–64	Zinn
81	Fortuna Fdgr. u. Estl.	Sn, As, Fe, Zn; Si, F	z, kb	1804–13	Zinn
82	Tanner Estl.	Sn, Fe_2O_3	z	1687–92, 1716, 1756–59, 1808–19	Zinn
83	Paradies Fdgr. Estl.	Sn, As, Cu, Fe, Pb; Si, F	z, kb	16. + 17. Jh., 1801–34, 1854–83, 1916–25	Zinn
84	Joel Fdgr.	Sn, Fe_2O_3	z	1736, 1804···11	–
85	Himmelfahrt Fdgr.	Sn, Cu	Cu-z	–	Zinn
86	Bergmanns Hoffnung Fdgr. und St. Johannes Estl.	Sn	z	1811, 1816–24, 1917	Zinn
87	Christi Himmelfahrt Estl.	Sn, Cu, (Bi)	z	1778, 1868–96, 1917	Zinn
88	Barbara Stl.	Sn	z	1810	–
89	Neubeschert Segen Gottes samt Frisch Glück Estl.	Sn, Fe, Cu; Si, Ca, F	z, kb	1762···1810, 1840···61	Zinn
90	Palmbaum Fdgr.	(Ag)	fba (?)	1711–17	Silber
91	Glückauf Estl.	Sn	z	16. Jh., 1717, 1771–1813, 1845–48	Zinn
92	Jakob Stl.	Sn	z	1721–39, 1822–24	–
93	Vereinigt Feld im Zwitterstock, VEB Zinnerz, Altenberg	Sn, W, Bi, Mo, Fe_2O_3	z	1444–1620, 1663–Gegenwart	Zinn, Wismut
94	Rothe Zeche Fdgr.	Sn	z	vor 1795, 1795–1865	Zinn
95	Engel Gabriel Fdgr.	Sn	z	1728···1861	Zinn
96	Zwitterstocks tiefer Estl.	Sn, Bi	z	1491–1620, 1663–Gegenwart	–
97	Neubeschert Glück	Sn	z	1802–08	–
98	Aaron und Zion Stl.	Sn	z	16. + 17. Jh., 1740···1827,	Zinn
99	Geburt Christi Stl.	Sn, Mo	z	?, 1818–22	–
100	Carl Fdgr.	Sn	z	vor 1817, 1817–19	Zinn
101	Vereinigt Zwitterfeld zu Zinnwald	W, Sn, Mo	z-w	15.–19. Jh., 1852–1945	Zinn, Wolfram, Glimmer
102	Gnade Gottes Stl.	Sn, W	z-w	1665, 1763–95, 1800–52, 1904–10	Zinn, Wolfram
103	Hilfe Gottes Estl.	Sn	z	1803–17	Zinn
104	Hoffnung Gottes Estl.	Sn, W, Pb, Mo; Si, F	z-w	17. Jh.–1764, 1802–27, 1911–22	Zinn, Wolfram

Tabelle (Fortsetzung)

Nr.	Name der Grube	Paragenese	Formationstyp	Bergbau	Produktion
105	Vogelköpfen Stl.	Sn, Cu	Cu-z	1824	–
106	Himmelfahrt Fdgr.	Sn, Cu, As	z	1721–62, 1866–71, 1916	Zinn
107	Segen Gottes Estl.	Sn, Cu, Fe, As, Pb; Si	Cu-z	vor 1868, 1868–77, 1917	Zinn
108	Himmelfahrt Fdgr.	Pb, Zn, (Cu), Fe, Ag; Si	kb	1710, 1860–64	Silber, Blei
Blatt 120, Fürstenwalde					
109	St. Johannes Fdgr.	Sn, Cu, Zn, Pb; Si, Ba	z, Cu-kb	15. Jh., 1788–91, 1860–75	Zinn

In der Spalte „Paragenese" bedeuten: Ag – silberführende Erzminerale wie Argentit, Rotgültigerze, Tetraedrit, gediegen Silber; As – Arsenopyrit; Ba – Baryt; Bi – gediegen Wismut; Ca – Karbonate; Co – Speiskobalt, Safflorit; Cu – Chalkopyrit; F – Fluorit; Fe – Pyrit, Markasit; Fe_2O_3 – Hämatit; Ni – Chloanthit, Rammelsbergit; Mo – Molybdänit; Pb – Galenit; Sb – Antimonit, Silbersulfantimonide; Si – Quarz; Sn – Kassiterit; W – Wolframit; Zn – Sphalerit.

Die Reihenfolge der Mineralzeichen (zuerst Erzminerale, dann Gangarten) entspricht etwa der Reihenfolge der abnehmenden Häufigkeit der Minerale.

In der Spalte „Formationstyp" bedeuten:
BiCoNi – Wismut-Kobalt-Nickel-Silber-Uran-Formation
Cu-kb – Kupferreiche kiesig-blendige Bleierzformation
Cu-z – Kupferreiche Zinnformation
eba – Roteisen-Baryt-Formation
eq – Edle Quarzformation
fba – Fluorbarytische Bleierzformation
kb – Kiesig-blendige Bleierzformation
z – Zinnformation
z-w – Zinn-Wolfram-Formation

Der Begriff „Formation" soll hier weder eine Aussage über die Entstehung noch über das Alter der auftretenden Erzminerale und Gangarten treffen, sondern lediglich, völlig neutral, die Art der Mineralassoziation kennzeichnen.

Abb. 1) Schellerhauer Granit, der auf kurze Strecke (bei 43,7–48,3 m und 49,6–51,1 m) vergreist, aber nicht vererzt war (A. & S. LÄCHELT 1959b).

Am Kahleberg selbst wurde in den Gruben 81, 82, 83 und 84 Zinn gewonnen. Zuerst sind Zwittertrümer, später auch topas- und kassiteritführende Greisenzonen abgebaut worden. Sowohl in den Zwittertrümern als auch im Greisen traten erhebliche Mengen an Sulfiden auf, besonders Arsenopyrit, Pyrit, Löllingit, Sphalerit, Chalkopyrit und Galenit. Die Vererzung in diesem Gebiet hat sowohl den Schellerhauer Granit als auch den Teplitzer Quarzporphyr erfaßt; sie ist mithin jünger als beide.

Über die Vergreisenungs- und Vererzungsverhältnisse im Bereich des Schellerhauer Granits liegen eine Reihe von Angaben vor, die aber nicht immer eindeutig sind. Von alten Zinngruben sind die Kempenzeche (79), Gelobt Land Estl. am Pöbelknochen (80) und Vergnügter Bergmanns Estl. (71) zu nennen. Die übrigen alten Gruben haben Hämatit gewonnen (49, 72, 73, 77) oder bauten auf sulfidführenden Gängen (74, 75). SEIM (1953) beschreibt weitere Greisengebiete u. a. bei Kipsdorf und im Bereich der Kiesgrube an der Straße in Nordschellerhau. Die von SEIM und auch von SACK (1958) erwähnten Greisen im Bereich des Schellerhauer Granites sind in Abb. 1 und 3 eingetragen. Danach treten ein Teil der Zinngruben und der Greisengebiete im Bereich einer NW–SE streichenden Zone auf, die etwa im NE von der in der Abb. 1 eingetragenen tektonischen Grenze des porphyrkörnigen zum mittelkörnigen Schellerhauer Granites und im SW von einer 350 m davon entfernten, parallel verlaufenden „Mylonitzone" (SACK 1958) markiert wird. Inwieweit die Vergreisenungszonen in den Kontaktgesteinen des Schellerhauer Granites, im Teplitzer Quarzporphyr und im Rotgneis im NE sowie die Vergreisenung des karbonischen Quarzporphyrs und des Teplitzer Quarzporphyrs am SW-Rand des Granitmassivs nur auf Kontaktwirkung mit bloßer SiO_2-Zufuhr oder auf Vergreisenungs- und damit evtl. Vererzungserscheinungen zurückgeführt werden können, bedarf einer näheren Untersuchung.

Aus Aktennotizen von SCHÜLLER (1951) und O. W. OELSNER (1951) geht hervor, daß bei einem Brunnenbau am Löschteich nordöstlich des Matthesweges in Schellerhau, ca. 1,1 km nordwestlich der Kirche, Funde hochprozentigen Zinngreisens gemacht wurden. Die Fundstelle liegt in der Nähe der alten Grubenbaue des Vergnügten Bergmanns Estl. Die Zinnerzgänge dieser alten Grube setzen teils im Schellerhauer Granit, teils im karbonischen Quarzporphyr auf. Die lagerstättengeologische Situation spricht nach O. W. OELSNER (1951) für die Existenz eines in nicht allzugroßer Tiefe verborgenen jungen Zinngranites.

Wie bereits angedeutet, gehen die Vorstellungen über das Alter der Zinnvererzungen im Bereich des Schellerhauer Granites noch weit auseinander. SEIM (1953) folgt DALMER (1890), wenn er annimmt, daß die Zinnvorkommen im Schellerhauer Granit dem Granit selbst als Nachphase zuzuordnen sind, und ausführt, daß es sich bei den heute bekannten Vererzungen um die Wurzelzonen bereits abgetragener Lagerstätten handelt. Die altersmäßige Einstufung der Zinnvererzung wirkt sich hier unmittelbar in der Prognose aus. O. W. OELSNER (1951, 1952a, b) ist der Meinung, daß die Zinnvererzung ausschließlich an junge Magmendifferentiate gebunden sei, daß die Vererzungserscheinungen im Schellerhauer Granit folglich jüngeren granitischen Nachintrusionen zugeordnet werden müssen und daß der Bereich des Schellerhauer Granites zinnhöffig und untersuchungswürdig ist. Der im Bereich des Kahleberges vergreiste Teplitzer Quarzporphyr und auch die vergreisten bzw. verkieselten Porphyre am SW-Kontakt des Schellerhauer Massivs sprechen für die von O. W. OELSNER vertretene Auffassung.

Im nordwestlichen Vorland des Schellerhauer Granites befindet sich das ehemals intensiv bebaute Erzrevier von Niederpöbel–Schmiedeberg. Neben pegmatitischen und pneumatolytischen Bildungen, die fast ausschließlich auf den Einwirkungsbereich des Sadisdorfer Granits beschränkt sind, setzen hier vor allem hydrothermale Gänge, teils mit recht komplexer Erzführung, auf. Nach MÜLLER (1867) und eigenen Untersuchungen führen diese Gänge eine Paragenese, die mit der des Freiberger Erzbezirkes verglichen werden kann, wobei allerdings der Kupferreichtum bemerkenswert ist. Neben Quarz, Fluorit, Baryt und Karbonaten als Gangarten sind als Erzminerale vornehmlich Chalkopyrit, Pyrit, Arsenopyrit, Sphalerit, feinkörniger Galenit, untergeordnet Argentit, Fahlerze, Rotgültigerze, Kobalterze und auch Pechblende vorgekommen. Erzgänge mit vorgenannter Mineralisation wurden in den Gruben 16, 17, 20, 23, 24, 42 und 43 bebaut. In den Gruben 18, 19, 21, 44, 45 und 46 ist zusätzlich zu der genannten kupferreichen, kiesigen Mineralisation Kassiterit auf den Gängen vorgekommen. Wie bereits MÜLLER betont, können die kassiteritführenden Gänge innerhalb des Schmiedeberg—Niederpöbeler Revieres einem SW—NE streichenden Zug zugeordnet werden, beginnend im SW mit der Kupfergrube Sadisdorf und endend im NE mit der Mineralisation der Grube Milde Hand Gottes. Hier zeichnet sich also auch schon innerhalb eines Erzrevieres die Bedeutung der großtektonischen Richtungen für das Auftreten bestimmter Mineralparagenesen ab. Eine im Bereich der alten Grube Milde Hand Gottes 1958 zur Untersuchung der Zinnhöffigkeit des Gebietes niedergebrachte Tiefbohrung (Bohrung 1, Abb. 1), verlief erfolglos. Die Bohrung stand bis 862,7 m im Graugneis verschiedener Varietäten und erreichte erst zwischen 862,7 m und der Endteufe von 1009,5 m Granit, der z. T. vergreist, aber nicht vererzt war (A. & S. LÄCHELT 1959a).

Genetisch außerordentlich interessant sind die Kassiterit- und Sulfidvererzungen im Bereich des Zinnfang Stl. (19) und des Hilfe Gottes Estl. (21). Nach MÜLLER (1867), der den Angaben von LOOSE (1844) folgt, ging hier oberflächennah Zinnerzbergbau auf Lagern um, die etwa NE—SW streichen und mit 20—50° nach SE einfallen. LOOSE unterschied 3—4 Lagerzüge wechselnder Mächtigkeit mit Kassiterit, Arsenopyrit, Chalkopyrit und Pyrit als wichtigste Erzminerale. Die 1941 etwa 80 m südöstlich vom Hauptabbaugebiet niedergebrachte Bohrung Sadisdorf II, welche die zinnerzführenden Lager hätte antreffen müssen, hat über die Fortsetzung der Lager nach der Teufe keine Klärung gebracht, auch nicht der 1953/54 aufgefahrene SE-Querschlag auf der — 115-m-Sohle der Kupfergrube Sadisdorf (BUCK 1955).

Wie die Anordnung und die Mineralisation der Gänge zeigen, taucht der Granitrücken der Zone B nordwestlich des Erzreviers von Niederpöbel und Schmiedeberg mehr und mehr ab. Die Gänge der Grubengebäude östlich Sadisdorf (Gruben 12—15 u. 40) führten Sulfidvererzung, aber keine Zinnvererzung mehr. Den weiteren Verlauf dieser zentralen, granitische Substanz führenden Schwereminimumzone nach SW zeigt die Lage des Niederbobritzscher Granites an, der bereits außerhalb unseres Untersuchungsgebietes liegt und in dessen Bereich — im Gegensatz zum Schellerhauer Granit — keine Zinnvererzungen bekannt sind. Dies kann als weiterer Hinweis gewertet werden, daß die Zinnvererzungen im Schellerhauer Granit jüngeren Granitnachschüben zuzuordnen sind.

Über den weiteren Verlauf der zu dem Granitrücken gehörigen Erzmineralisation nach NW verlieren sich im Gebiet westlich Dippoldiswalde die Anzeichen. Es scheint, als ob die Erzmineralisationen, die nach NW nur noch undeutlich zu verfolgen sind, nicht mehr dem Verlauf des gravimetrischen Schwereminimums folgen, sondern geringfügig nach Nord abweichen.

Zone C

Auf der am weitesten östlich gelegenen Zinnvererzungszone C ist an größeren Lagerstätten nur die auf dem Gebiet der ČSSR aufsetzende Lagerstätte von Krupka (Graupen) bekannt. Die Zone C ist wegen der Vielzahl alter Bergbauversuche und der Vererzungs- und Vergreisenungserscheinungen lagerstättengenetisch besonders interessant, wenn auch nicht übersehen werden darf, daß sie sich bereits auf der östlichen Flanke des osterzgebirgischen Granitbatholithen befindet und das Zuzugsgebiet der Restlösungen kleiner ist als das der Vererzungszone B. Trotzdem können wie in Krupka auch auf dem Gebiet der DDR durch spezielle lagerstättenkundliche Verhältnisse Bedingungen geschaffen worden sein, welche die Bildung größerer Erzkonzentrationen zuließen.

Die letzte umfassende Arbeit über Krupka stammt von BECK (1914). Im vergangenen Jahrzehnt wurden von tschechoslowakischer Seite umfangreiche Erkundungsarbeiten auf Molybdän im Gebiet der Krupkaer Lagerstätten durchgeführt. ŽAK (1959) gibt eine Beschreibung der auftretenden Minerale und ihrer Altersfolge.

Die im Raum unserer Republik am weitesten südöstlich gelegenen Vererzungsanzeichen auf dieser Zone befinden sich an der Zeidelweide nordöstlich Fürstenau. Dort wurde bis 1875 auf der St. Johannes Fdgr. (109) auf drei oder vier kassiterit- und sulfidführenden Gängen bzw. Zwittertrümern gebaut. Aus Archivunterlagen geht hervor, daß die Erzführung z. T. reich, aber sehr absetzig und mengenmäßig gering war. GÄBERT & BECK (1903) geben auf der geologischen Spezialkarte nahe der Gänge eine Vergreisenungszone an.

Im ehemaligen Revier bei Löwenhain (Gruben 105—107), am Hutberg und am Hirschberg (Stübners Kuppe), ist intensiverer Bergbau umgegangen als bei Fürstenau. Der am östlichen Gehänge des Hutberges im Tale des Fürstenauer Dorfbaches angesetzte, etwa in westlicher Richtung verlaufende 300 m lange Segen Gottes Estl. (107) soll 12 zinnerzführende Gänge angetroffen haben, wobei zu vermuten ist, daß die Gänge, die auf der Kuppe des Hutberges ausstreichen, noch nicht erreicht wurden. Der Sulfidanteil des Erzes war sehr hoch; das Pb:Cu:Ag-Verhältnis lag bei 200:20:1. Neben Galenit und Chalkopyrit traten Arsenopyrit und Sphalerit auf. Über die am westlichen Hang des Hirschberges aufsetzenden, zur Himmelfahrt Fdgr. (106) zu zählenden zinnführenden Gänge ist wenig bekannt. SCHENDERLEIN (1941) schätzt in einem Gutachten dieses Revier als höffig ein; in der ersten Hälfte des 18. Jahrhunderts ist dort intensiver Bergbau umgegangen. Die vorhandenen Pingen lassen mindestens sechs parallele Gänge von ziemlicher Ausdehnung erkennen. Der letzte Bergbau ging in den Jahren 1864 bis 1871 um.

Einen eindeutigen Hinweis auf einen verborgenen NW—SE verlaufenden Granitrücken gibt die Löwenhainer Greisenzone, die sich vom Vererzungsgebiet des Hut- und Hirschberges bis zum Granit der Sachsenhöhe erstreckt. Der Bedeutung für künftige Sucharbeiten entsprechend wurde die ca. 9 km² umfassende Greisenzone von A. & S. LÄCHELT (1958) kartiert und eine detaillierte petrographische Analyse gegeben. Die Autoren stellten hierbei Bereiche verschieden intensiver Vergreisenung fest, und zwar zentral gelegene und in Form von Inseln vorkommende Quarzgreisen, sodann als verbreitetstes umgewandeltes Gestein Quarzmuskovitgreisen, z. T. mit wenig Topas. Am Rande der Greisenzone sind Quarzchloritgreisen entwickelt, die in den normalen grobkörnig-schuppigen Biotitgneis, das Edukt der Vergreisenung, übergehen.

Im Bereich der größten Breite der Greisenzone unmittelbar nördlich Löwenhain haben früher offenbar keine Gruben gebaut. Erst südwestlich Lauenstein sind alte Gruben bekannt (90), auf denen Anfang des 18. Jahrhunderts Bergbau auf silberhaltige Erze umging. Wenig nördlich davon wurde auf kassiterit- und sulfidführenden Gängen gebaut (89).

Auch im Revier der Sachsenhöhe ist ehemals reger Bergbau umgegangen (Gruben 66—68, 70, 85). Es scheint, daß vorhandene Zinn- und Kupfererze bis auf das Niveau des Hiob Stl. (68) völlig abgebaut wurden. Sehr wahrscheinlich haben Greisen- und Gangvererzungen vorgelegen. Auffällig ist, daß (zumindest an der Oberfläche) der zentrale Teil des Sachsenhöhener Granitstockes nicht vergreist ist, sondern erst der periphere und dann das Gneiskontaktgestein. Diese Situation ähnelt einem tiefen Anschnitt der Kupfergrübener Lagerstätte. Dalmer (1894) weist auch auf Ähnlichkeit im Bau mit der Granitkuppe von Krupka hin.

Ein besonders im 17. und 18. Jahrhundert intensiv auf Zinn und Kupfer bebautes Gebiet stellt die sich nordwestlich anschließende Hegelshöhe dar. Die aus Kassiterit, Chalkopyrit, Arsenopyrit und Pyrit bestehende Vererzung setzt in Gängen und Greisenzonen, häufig auch auf kurzaushaltenden Gesteinsklüften im Granitporphyr auf. Vergreiste chlorit-, fluorit- und hämatitführende Gesteinspartien haben große Ähnlichkeit mit äquivalenten Altenberger Paragenesen. An der Hegelshöhe ging in einer Vielzahl von Gruben (50—54, 65) Bergbau um, wahrscheinlich aber nur bis Stollensohlenniveau. Das Gebiet ist völlig durchwühlt; von über Tage besteht keine Möglichkeit mehr, die geologischen Verbandsverhältnisse zu klären. Der gesamte Bereich der Hegelshöhe ist als ausgesprochen höffig anzusehen.

Der Bergbau auf Zinnseifen bei Bärenstein wird 1464 erstmals erwähnt. 1617 sollen hier (Hegelshöhe und Sachsenhöhe) 18 Gruben in Betrieb gewesen sein. Nach einem Gutachten von Kamprath (1939) hat das Zinnausbringen der Gruben um Bärenstein von 1617—1796 1109,1 t betragen.

Die nach NW zu nächstfolgende und auf der Zone C am weitesten nordwestlich gelegene Zinnvererzung tritt in der Bergmanns Hoffnung Fdgr. (35) bei Niederfrauendorf auf. Die Zwittertrümer setzen dort in einem stockförmig erweiterten Quarzporphyrgang auf, der zum Berggießhübler Schwarm zählt. Als einziges Erzmineral kommt Kassiterit vor. Durch die außergewöhnliche geologische Stellung des Niederfrauendorfer Zinnvorkommens wurde schon lange vermutet, daß im Quarzporphyr eine Granitsubintrusion stecken könne, die vergreist sei. Bereits 1951 schlug K. Pietzsch Suchbohrungen vor, die aber dann unterblieben sind. O. W. Oelsner (1952b) gibt ebenfalls einen Hinweis auf die Zinnhöffigkeit dieses Gebietes, vermerkt die mögliche Ähnlichkeit mit Sadisdorf und macht darauf aufmerksam, daß die Vererzungslinie Kupfergrube Sadisdorf—Niederfrauendorf erzgebirgisch streicht, die Zinnvererzung sich also der Großtektonik anpaßt.

Von Niederfrauendorf aus taucht der östliche Granitrücken nach NW steil ab; das fast klassisch zu nennende, aus der Zinnstein-, der kb- und der fba-Formation bestehende Zoning, das in den ehemaligen Gruben 35, 34, 33 und 32 aufgeschlossen ist, gibt dafür einen deutlichen Hinweis.

Subzone B/C

Durch die Anordnung der Zinnerzgänge und der Greisenzone nordwestlich des Granits von Krupka und durch die Lage der Altenberger Lagerstätte bedingt, besteht Grund zu der Annahme, daß zwischen den Vererzungszonen B und C mit gleichem NW—SE-Streichen eine weitere höffige Zone (Subzone B/C) existiert.

Zur Frage der Zugehörigkeit von Mineralisationsphasen zu bestimmten Magmatiten

Bei der Suche nach Erkundungskriterien ist von Bedeutung, inwieweit eine Mineralisation Aussagen über den Chemismus und das relative Alter des zugehörigen Magmatits zuläßt, oder umgekehrt, inwieweit vom Magmatit, dessen Chemismus und dessen relativer Altersstellung bzw. absoluten Alters auf Art und evtl. auch Größe der mit ihm genetisch verbundenen Lagerstätten geschlossen werden kann. Zur Klärung dieser Frage im Erzgebirge haben vor allem die Arbeiten O. W. Oelsners (1952a, 1958) beigetragen. Oelsner geht bei seinen Darlegungen davon aus, daß im Verlauf der varistisch-orogenen Entwicklung eine Differentiation des granitischen Magmas vor sich ging, die ihren Ausdruck sowohl im Chemismus der altersverschiedenen Magmatite als auch im Chemismus der diesen zuzuordnenden postmagmatischen Mineralisationen fand. Weiterhin kann angenommen werden, daß einer Granitintrusion, Teilintrusion oder, neutral ausgedrückt, einem Erstarrungsvorgang Restlösungsbildungen zuzuordnen sind, die einerseits infolge gerichteter Veränderung des Druckes und der Temperatur das pegmatitische, pneumatolytische und hydrothermale Stadium durchlaufen, wobei es gleichgültig ist, ob es zu einzelnen dieser Bildungen kommt. Andererseits werden durch gesetzmäßige Änderung der Konzentrationsbedingungen ebenfalls bestimmte Stadien durchlaufen, während deren sich Minerale abscheiden können, deren Altersstellung im Prinzip einer normalen Ausscheidungsfolge mit Kassiterit, Wolframit, Molybdänit, Arsenopyrit, Pyrit, Sphalerit, Chalkopyrit, Galenit, komplexen Sulfosalzen, gediegen Silber als Erzminerale und Quarz, Baryt, Fluorit, Karbonaten als Gangarten entspricht. Intrusionsniveau, Ausgangschemismus des Magmas, spezieller Ablauf des Erstarrungsvorgangs in Verbindung mit tektonischen Vorgängen zur Öffnung und Schließung von Migrationswegen, tektonischer und physiko-chemischer Einfluß des Nebengesteins u. a. Faktoren modifizieren den Ablauf der postmagmatischen Mineralisation.

Jedem Erstarrungsvorgang chemisch verwandter Magmen entsprechen also eine oder mehrere Mineralisationsphasen, die ihrem Inhalt nach den Mineralisationsphasen eines zweiten Erstarrungsvorganges ähnlich sind. Die Ähnlichkeit wird dabei um so größer sein, je mehr sich die Differentiationsstadien der Magmen entsprechen. Aus der Ähnlichkeit der einzelnen Mineralisationsphasen könnte abgeleitet werden, daß die im

Erzgebirge auftretenden eq-, kb- oder fba-Mineralisationsphasen (Formationen) jeweils altersgleich seien. Das trifft nach dem Obengesagten nur in Grenzfällen zu, in der Regel jedoch nicht. Die den Freiberger Formationen entsprechenden Mineralisationsphasen anderer erzgebirgischer Granite sollten besser nicht als eq-, kb- oder fba-Formation, sondern allenfalls als deren Äquivalente bezeichnet und auch bewertet werden. Die z. B. an Zinngranite neben ihrer Zinnmineralisation gebundenen hydrothermalen, sulfidischen Nachphasen können als kb- oder fba-Äquivalente angesehen und u. U. auch mit kb- oder fba-Mineralisationen älterer Granite verwechselt werden. Die den Zinngraniten zuzuordnenden kb-fba-Äquivalente führen allerdings eine Paragenese, die dem Differentiationsstadium des betreffenden Magmatits entspricht. So tritt in der hydrothermalen Nachphase von Zinngraniten z. B. Stannin relativ reichlich auf.

Die Bedeutung der Frage der Zugehörigkeit von bestimmten Mineralisationsphasen zu bestimmten Magmatiten wird akut, wenn eine Paragenese als Kriterium für die Zinnhöffigkeit des betreffenden Gebietes benutzt werden soll. Zur Zeit wissen wir über die Anwendung derartiger Kriterien im Untersuchungsgebiet noch recht wenig. Im Zusammenhang damit gewinnt die auf O. W. OELSNER zurückgehende Feststellung Bedeutung, daß sich in den Mineralisationszyklen altersunterschiedlicher Granite verschiedene Elemente anreichern, so Blei, Zink, Silber, Antimon mehr in den älteren und Zinn, Wolfram, Lithium, Wismut und Arsen mehr in den jüngeren. Die unterschiedliche Elementführung der an beide Sadisdorfer Granite gebundenen Vererzung ermöglicht die Aussage, daß innerhalb der Zinnmineralisationen die Kombination Zinn–Kupfer ein älteres Differentiationsstadium repräsentiert, die Kombination Zinn–Wolfram–Molybdän aber ein jüngeres.

Der geringe Kenntnisstand von der Paragenese und Geochemie der Mineralisationen und von der Petrochemie magmatischer Gesteine im zinnführenden Bereich des Osterzgebirges erlaubt gegenwärtig noch keine konkreteren Schlußfolgerungen über Gesetzmäßigkeiten der Zugehörigkeit bestimmter Mineralisationsphasen zu bestimmten Gesteinen. Die Klärung dieser Fragen wird zweifellos Quantität und Qualität der Erkundungskriterien erhöhen.

Die zinnhöffigen Bereiche im Zinnrevier des Osterzgebirges

O. W. OELSNER hat mehrmals (1956, 1962) darauf hingewiesen, daß die Frage der Erkundung neuer Zinnlagerstätten im Erzgebirge eine Frage der Investitionen ist. Damit wollte OELSNER sagen, daß Zinn im Erzgebirge auch außerhalb der bekannten Lagerstätten in noch ausreichender Menge vorhanden und auch gewinnbar ist, wenn nur genügend Finanzmittel für die Erkundung, Gewinnung und Aufbereitung bereitgestellt werden. Da die Such- und Gewinnungsarbeiten auf Zinn jedoch mit volkswirtschaftlichem Nutzen durchgeführt werden müssen, erfährt die Voraussage über das Vorhandensein von Zinnanreicherungen im Erzgebirge eine wesentliche Einschränkung.

Bei der Einschätzung der Zinnhöffigkeit des Osterzgebirges muß davon ausgegangen werden, welche allgemeinen geologischen Beziehungen zwischen Granitintrusion und Lagerstättenbildung bestehen. Es sind dies folgende:

a) Abhängigkeit des Vorganges der Intrusion granitischer Magmen oder Teilmagmen vom Spannungszustand der Erdkruste, d. h. von der Tektonik;

b) Abhängigkeit der für eine Lagerstättenbildung notwendigen Restlösungsmengen von der Größe des magmatischen Zuzugsareals;

c) Abhängigkeit der Lagerstättenbildung von der Form des Intrusionskörpers und der Art des Nebengesteins, welche die Konzentration oder Dispersion der in den Restlösungen enthaltenen Elemente wesentlich beeinflussen;

d) Abhängigkeit der Anreicherung bestimmter Elemente (Haupt-, Neben- und Spurenelemente) im Magmatit und den dazugehörigen Lagerstätten vom Differentiationsstadium des Magmas bzw. Teilmagmas, d. h. bei der Annahme eines quasi homogenen Chemismus des ursprünglichen Magmas vom Alter des Granits, und

e) Abhängigkeit des Ortes der Abscheidung pegmatitischer, pneumatolytischer oder hydrothermaler postmagmatischer Bildungen der Magmatite von Druck und Temperatur, d. h. im wesentlichen von der Entfernung zum zugehörigen Magmatit.

Die Zinnlagerstätten und Zinnvorkommen des Osterzgebirges treten innerhalb eines Bereiches auf, dessen zentraler Teil etwa mit dem Verlauf des ausgeprägten osterzgebirgischen Schwereminimums identisch ist. Zinnanreicherungen sind im Osterzgebirge in Übereinstimmung mit WATZNAUER (1955) an das Gebiet mit der intensivsten magmatischen Tätigkeit gebunden, wobei sowohl die Größe des magmatischen Zuzugsgebietes als auch die Möglichkeit der Bildung junger Kleinintrusionen mit zinnreichen Restlösungen von Bedeutung war. Da die Zinnanreicherungen im Endokontakt bzw. im granitnahen Exokontakt auftreten, ist eine ausgezeichnete Zonalität der postmagmatischen Vererzungen im Osterzgebirge zu verfolgen. Das im Bereich der NW—SE verlaufenden Zone B (Zinnwald—Sadisdorf) und C (Krupka—Niederfrauendorf) zutage ausstreichende zinnführende Lagerstättenstockwerk wird sowohl nach NW als auch nach SW und NE durch ein in der Nähe der Erdoberfläche ausschließlich buntmetallführendes Stockwerk abgelöst (Abb. 3). Das zinnführende Lagerstättenstockwerk hebt sich nach SW in Richtung des Erzgebirgsrandbruches (etwa entsprechend des Verlaufes der Isogammen) mehr und mehr heraus. Im südöstlichen Teil sind demnach tiefere Lagerstättenzonen angeschnitten als im nordwestlichen.

Die geologisch-lagerstättenkundliche Analyse des Osterzgebirges erlaubt, innerhalb des zutage ausstreichenden zinnführenden Lagerstättenstockwerks für die Suche nach neuen Zinnlagerstätten bestimmte perspektivische (höffige) Bereiche anzugeben (Abb. 3). Als wesentlichste geologisch-lagerstättenkundliche Kriterien für diese zinnhöffigen Bereiche wurden in Abb. 3 die Verbreitung der alten und jungen varistischen Granite, die postmagmatische Mineralisation, die Vergreisenungs- und Verkieselungszonen und die Schwereanomalien U_{zzz} nach ROSENBACH I (aus C. OELSNER 1961) eingetragen sowie der Verlauf der NW—SE und NE—SW gerichteten magmatektonischen Zonen angegeben. Die Lage zinnhöffiger Bereiche ergibt sich nach dem Obengesagten vor allem unter Berücksichtigung lagerstättenkundlicher, geophysikalischer und großtektonischer Kriterien. Bereiche in der Nähe von

Schnittpunkten der NW—SE gerichteten Zonen mit den NE—SW verlaufenden sind in Verbindung mit gravimetrischen Anomalien (Schwereminima oder -maxima) als besonders günstig für das Auffinden junger Zinngranite und damit als besonders höffig für die Suche nach Zinnanreicherungen anzusehen. Nach Vorliegen der Ergebnisse der speziellen gravimetrischen Vermessungen werden Lage und Ausdehnung einiger höffiger Bereiche präzisiert werden können.

Vorschläge für weitere Untersuchungsarbeiten

Die in den nächsten Jahren geplanten Untersuchungsarbeiten im zinnführenden Lagerstättenstockwerk des Osterzgebirges haben die Aufgabe, neue Zinnlagerstätten aufzufinden. Ökonomische Bedeutung besitzen nur Zinnanreicherungen in Greisenkörpern. Neben Zinn können in Greisen auch andere seltene Elemente wie Wolfram, Molybdän, Lithium, Rubidium, Caesium, Wismut und Kupfer angereichert sein. Diese Elemente spielen einerseits als Vererzungsindikatoren eine Rolle, andererseits haben sie bei erhöhten Gehalten auch für die ökonomische Bewertung einer Zinnlagerstätte Bedeutung.

Die Untersuchungsarbeiten müssen sich insbesondere auf jene Gebiete konzentrieren, die in Abb. 3 als „zinnhöffige Bereiche“ ausgehalten wurden. Die Vererzungsgebiete an der Sachsenhöhe und bei Niederpöbel sind von Sucharbeiten auszunehmen, da durch alten Bergbau ein Großteil der vorhandenen Vorräte entweder abgebaut worden ist oder die Wahrscheinlichkeit, größere unverritzte Lagerstättenteile anzutreffen, gering ist.

Bereits im Jahre 1963 wurden zur Vorbereitung der Sucharbeiten spezielle gravimetrische Vermessungen mit dem Ziel durchgeführt, an Hand der Schwereverteilung den Verlauf der Granitoberfläche festzulegen und in den von der lagerstättenkundlichen Seite her als höffig erkannten Gebieten Form und Tiefenlage verborgener Granit- oder Greisenkörper zu bestimmen. Im Anschluß daran sind pedogeochemische Sucharbeiten in jenen zinnhöffigen Gebieten anzusetzen, in denen nicht oder nur in geringem Maße alter Bergbau umgegangen ist. Weiterhin muß eine petrographische und petrochemische Bearbeitung aller mit der Zinnvererzung in Verbindung stehenden Intrusiva und Extrusiva erfolgen. Zur Erfassung der Tektonik sind das Makro- und Mikrogefüge der Magmatite und deren Nebengesteine zu untersuchen. Die lagerstättenkundliche Kartierung der alten Bergbaugebiete muß die Paragenesis dieser Mineralisationen klären. Schließlich werden Bohrungen die Tiefenlage der Granitoberfläche festzustellen und zu vermutende Vererzungen nachzuweisen haben. Bei der Festlegung der Bohransatzpunkte ist zu beachten, daß die Lage der Schwereanomalie nicht die höchste Aufstülpung eines asymmetrisch gebauten Granitstockes widerspiegelt und daß die dem verborgenen Granit zuzuordnenden Erzgänge häufig auf seiner flachen Flanke aufsitzen. Um primäre Dispersionshöfe am Bohrkernmaterial zu erfassen, sind geochemische Untersuchungen durchzuführen, wie sie z. B. von KRAFT (1962) und PACAL (1959) ausgearbeitet wurden.

In Lagerstättenbereichen, in denen die Elementkombination Zinn–Kupfer vorherrscht (z. B. an der Hegelshöhe), kann damit gerechnet werden, daß jüngere tiefer liegende Granitintrusionen zusätzlich eine Zinn-Wolfram-Molybdän-Vererzung bewirkt haben. In diesem Zusammenhang ist wichtig, mit Hilfe des Habitus und der Spurenelementführung des Kassiterits die Bildungsbedingungen bekannter und neu angetroffener Vererzungen und das Differentiationsstadium der dazugehörigen Magmatite zu erfassen. Hinweise über die Spurenelementparagenese des Kassiterits verschiedener Bildungsstadien geben z. B. DUDYKINA 1959, SCHRÖCKE 1955 und STUMPFL 1963.

Für die vorliegende Ausarbeitung wurde u. a. bereits seit längerer Zeit vorbereitetes Material aus dem Lagerstättenarchiv des VEB Geologische Erkundung Süd benutzt. Dem Chefgeologen des VEB Geologische Erkundung Süd, W. GOTTE, ist zu danken, daß diese wertvollen Unterlagen dem Bearbeiter zur Verfügung gestellt wurden. Gleicher Dank gilt H. BOLDUAN, Freiberg, und H. ROGGE und F. SCHUST, Berlin, für fruchtbare Diskussionen.

Zusammenfassung

Es wird der Stand der Kenntnisse bei der Suche nach Zinnlagerstätten im Osterzgebirge dargelegt. Ausgehend von der allgemeinen geologischen Situation, den Ergebnissen regionaler, in geringem Umfang auch spezieller gravimetrischer Vermessungen und den bisherigen lagerstättenkundlichen Kenntnissen über die zahlreichen älteren Bergbauversuche wird abgeleitet, welche Bereiche innerhalb eines zutage ausgehenden Zinnstockwerkes im Osterzgebirge für zukünftige Sucharbeiten besonders perspektivisch sind. Diese Bereiche werden vor allem durch NW—SE und NE—SW streichende magmatektonische Zonen, insbesondere deren Kreuzungspunkte in Verbindung mit Schwereanomalien und Vererzungsindikationen, markiert. Das Zentrum der Zinnvererzung fällt mit dem zentralen Bereich des ausgeprägten osterzgebirgischen Schwereminimums zusammen. Durch das sich sowohl nach NW als auch nach SW und NE an das zinnführende Stockwerk anschließende buntmetallführende wird eine regionale Zonalität angezeigt. Die Elementkombination Zinn—Kupfer repräsentiert ein älteres Differentiationsstadium als die Elementkombination Zinn–Wolfram—Molybdän. Nach Darlegung der geologisch-lagerstättenkundlichen Gesetzmäßigkeiten wird vorgeschlagen, welche Arbeiten zur Suche nach Zinnlagerstätten zweckmäßigerweise durchzuführen sind.

Резюме

Излагается уровень знаний при поисках месторождений олова в Восточных Рудных горах. Исходя из общей геологической ситуации, результатов региональных и в небольшом объеме специальных гравиметрических измерений и из имеющихся данных о многочисленных древних попытках горного дела, автор особенно выводит перспективные участки для будущих поисковых работ в пределах выходящего на дневную поверхность пояса олова в Восточных Рудных горах. Эти участки прежде всего локализируются простирающимися с СЗ на ЮВ и с СВ на ЮЗ магматектоническими зонами, особенно пунктами их пересечения в связи с аномалиями силы тажести и признаками оруденения. Центр оруденения олова совпадает с центральным участком четкого минимума силы тяжести Восточных Рудных гор. Примыканием к оловоносному поясу, как в СЗ так и в ЮЗ и СВ направлениях, пояса цветных металлов обнаруживается региональная зональность. Сочетание элементов олово — медь представляет собой более древнюю стадию дифференциации, чем сочетание элементов олово — вольфраммолибден. Изложив геолого-генетические закономерности образования месторождений, автор предлагает целесообразные работы для поисков оловорудных месторождений.

Summary

A description is given of the status of knowledge of the prospecting for tin deposits in the Osterzgebirge. Areas within a tin stock which crops out in the Osterzgebirge show a particular perspective for future prospecting. They are investigated with reference to their general geological situation, results of regional and, to a minor extent, of special gravimetric surveys, as well as to actual knowledge of the geology of mineral deposits obtained by numerous former mining attempts. These areas are above all marked by magmatectonic zones striking in a N. W.—S. E. and N. E.—S. W. direction, and in particular by their points of intersection together with gravity anomalies and indications of mineralization. The centre of tin mineralization coincides with the central area of the pronounced gravity minimum in the Osterzgebirge. A regional zoning is shown by the non-ferrous metal bearing stock joining the tin-bearing stock in both a. N. W. and S. W. as well as S. E. direction. The tin—copper element combination represents an earlier stage of differentiation than that of the elements tin—tungsten—molybdenum. A description of the geological and deposit regularities is followed by suggestions for suitably carrying out the prospecting for tin deposits.

Literatur

BAUMANN, L.: Stand und Aufgaben der geologischen Erkundung in den Buntmetallbergbaubetrieben des erzgebirgischen Raumes. — Ber. geol. Ges. DDR, **7**, 171—205, Berlin 1962.

BECK, R.: Die Zinnlagerstätten von Graupen in Böhmen. — Jb. Reichsanstalt Wien, **64**, 269—306 (1914).

BODDIN, H.: Abschlußbericht über Gravimetermessungen im Gebiet Seiffen. — Unterlagenzentrale StGK, Berlin 1958.

— Abschlußbericht über Gravimetermessungen im Gebiet Altenberg—Löwenhain. — Unterlagenzentrale StGK, Berlin 1959.

BODDIN, H., & G. HERTWIG: Abschlußbericht über gravimetrische Untersuchungen im Gebiet Dippoldiswalde—Altenberg. — Unterlagenzentrale StGK, Berlin 1954.

BOLDUAN, H.: Bericht über die in den Jahren 1957 bis 1960 durchgeführten Erkundungsarbeiten auf Zinn-Wolfram im Objekt Geyer. — Unterlagenzentrale StGK, Berlin 1961.

BUCK, H.: Ergebnisbericht über die Zinnerzführung des Gneises südöstl. des Lerchenhübler Schachtes der Zinnerzgrube Sadisdorf und über die Fortsetzung der Zinnerzführung der Zinnklüfte nach der Teufe. — Unterlagenzentrale StGK, Berlin 1955.

DALMER, K.: Erläuterungen der geologischen Spezialkarte des Königreiches Sachsen, Sect. Altenberg—Zinnwald, 1890.

— Der Altenberg—Graupener Zinnerzlagerstättendistrikt. — Z. prakt. Geol., 313—322 (1894).

DONATH, M.: Magmatische und tektonische Abhängigkeiten der Zinnerzlagerstätten des östlichen Erzgebirges. — Manuskript, VEB Zinnerz Altenberg 1946.

DUDYKINA, A. S.: Spurenelementparagenesen in Kassiteriten von genetisch unterschiedlichen Zinnlagerstätten (russ.). — Akad. Nauk SSSR, Inst. f. Erzlagerstättenforschung etc., **28**, 111—121 (1959).

FIALA, F.: Der Teplitzer Quarzporphyr zwischen Krupka, Cinovec, Dubi und Mikulov und verwandte Gesteine (tsch.). — Sbornik ÚÚG, XXVI, Geol. Reihe, 1. Teil, S. 445—494 (1959).

FREIESLEBEN, J. C.: Beiträge zur Geschichte, Statistik und Literatur des Sächsischen Erzbergbaues mit besonderer Berücksichtigung der Gangformationen. — Mag. f. d. Oryktographie von Sachsen, 4. Extraheft, Freiberg (1848).

FREYBERG, B. v.: Erz- und Minerallagerstätten des Thüringer Waldes. — Gebr. Borntraeger Verlag, Berlin 1923.

GÄBERT, C., & R. BECK: Erläuterungen zur geologischen Spezialkarte des Königreiches Sachsen, Sect. Fürstenwalde—Graupen 1903.

GRAF, R.: Bericht über gravimetrische Untersuchungen bei Altenberg-Zinnwald. — Unterlagenzentrale StGK, Berlin 1944.

GROSSE, S., M. KOPF & K. SONNTAG: Abschlußbericht über Gravimetermessungen im Gebiet Westerzgebirge. — Unterlagenzentrale StGK, Berlin 1958.

— Ergebnisse der Gravimetermessungen im Westerzgebirge. — Freiberger Forsch.-H., C110 (1961).

KAEMMEL, TH.: Geologie, Petrographie und Geochemie der Zinnlagerstätte „Tannenberg" (Vogtland). — Beih. Geologie, **30**, S. 1—105, Berlin 1961.

KAMPRATH: Gutachten, Archiv des VEB Geol. Erk. Süd, BA Freiberg, 1939.

KRAFT, M.: Ein Beitrag zum Nachweis primärer Dispersionshöfe am Beispiel einer Zinnerkundungsbohrung im Raum Mühlleithen/Erzgebirge. — Z. angew. Geol., **8**, 617—623, Berlin 1962.

LÄCHELT, A. & S.: Bericht über die Kartierung der Löwenhainer Gneisenzone. — Unterlagenzentrale StGK, Berlin 1958.

— Bericht über die Ergebnisse der Tiefbohrung Niederpöbel 1/58. — Unterlagenzentrale StGK, Berlin 1959a.

— Bericht über die Ergebnisse der Tiefbohrung Kahleberg 1/58. — Unterlagenzentrale StGK, Berlin 1959b.

LOOSE: Über den alten Pöbeler Bergbau. — Jb. f. d. Sächs. Berg- und Hüttenmann, S. 35—37 (1844).

MEINEL, G.: Vorläufiger Ergebnisbericht über die Bohrung Sparnberg I/57. — Unterlagenzentrale StGK, Berlin 1958.

— Bericht über die geologischen Ergebnisse der Schurfarbeiten im Bereich des Granatfelsvorkommens am Hohefeld bei Sparnberg. — Unterlagenzentrale StGK, Berlin 1959.

— Zwischenbericht über die geologischen Ergebnisse der Bohrungen Sparnberg 2—9. — Unterlagenzentrale StGK, Berlin 1960.

MOESTA, G.: Brüche und Porphyreffusionen im östlichen Erzgebirge. — Z. deutsch. geol. Ges., **80**, 343—408 (1928).

MÜLLER, H.: Geognostische Verhältnisse und Geschichte des Bergbaues der Gegend von Schmiedeberg, Niederpöbel, Naundorf und Sadisdorf. — Freiberg 1867.

— Die Erzgänge des Freiberger Reviers. — Erläuterungen zur geologischen Spezialkarte des Königreiches Sachsen, 1901.

OELSNER, C.: Abschlußbericht über Gravimetermessungen im Gebiet Ehrenfriedersdorf. — Unterlagenzentrale StGK, Berlin 1960.

— Abschlußbericht über Gravimetermessungen im Gebiet Osterzgebirge. — Unterlagenzentrale StGK, Berlin 1961.

— Ergebnisse der Gravimetermessungen im Osterzgebirge. — Freiberger Forsch.-H., C 144, 39—81 (1963).

OELSNER, O. W.: Beiträge zur Kenntnis der kiesigen Bleierzformation Freibergs. — Sächs. Jb. f. d. Berg- u. Hüttenw., S. 3—50 (1930).

— Aktennotiz. — Unterlagenzentrale StGK, Berlin 1951.

— Die Abhängigkeit der Paragenesen erzgebirgischer Lagerstättenbezirke vom Intrusionsalter der zugehörigen Granite. — Freiberger Forsch.-H., C 3, 24—34 (1952a).

— Die pegmatitisch-pneumatolytischen Lagerstätten des Erzgebirges mit Ausnahme der Kontaktlagerstätten. — Freiberger Forsch.-H., C 4 (1952b).

— Rohstoff- und Lagerstättenprobleme in der DDR. — Freiberger Forsch.-H., C 23, 5—21 (1956).

— Die erzgebirgischen Granite, ihre Vererzung und die Stellung der Bi—Co—Ni-Formation innerhalb dieser Vererzung. — Geologie, **7**, 682—701, Berlin 1958.

— Aussichten und Methodik für die Auffindung verdeckter Lagerstätten im Gebiet der Deutschen Demokratischen Republik. — Bergakademie, **8**, 563—566 (1962).

PACAL, Z.: Geochemische Tiefenprospektion der Greisen (tsch.). — Sbornik ÚÚG, XXVI, Geol. Reihe, 2. Teil, 373—393 (1959).

PIETZSCH, K.: Geologie von Sachsen. — Berlin 1962.

REYER, E.: Über die erzführenden Tiefeneruptionen von Zinnwald—Altenberg und über den Zinnbergbau in diesem Gebiet. — Jb. d. k. k. Reichsanstalt, **29**, 1—60 (1897).

ROZHKOV, J., B. L. FLEROV & K. G. KONDAKOV: Über Probleme der weiteren Entwicklung der Zinnindustrie und über prinzipielle Aufgaben der wissenschaftlichen Forschungen (russ.). — Akad. Wiss. UdSSR, Sibirische Abt., Geologie und Geophysik, Nr. 4 (1962).

SACK, H.: Lagerstättengenetische Bearbeitung des Zwitterstockes von Altenberg/Erzgeb. — Dipl.-Arb. am Min. Inst. der BA Freiberg, unveröff. (1958).

SATTRAN, V.: Polymetallische Vererzung des Osterzgebirges (tsch.). — Sbornik ÚÚG, XXV, Geol., Reihe, 135—185 (1958).

— Der Granit von Fláje und der Granitporphyr von Loucná-Fláje im Krusné hory (Erzgebirge) (tsch.). — Sbornik ÚÚG, XXVI, Geol. Reihe, 1. Teil, 75—99 (1959).

SCHALCH, F.: Erläuterungen zur geologischen Spezialkarte des Königreiches Sachsen, Sect. Glashütte—Dippoldiswalde (1888).

SCHENDERLEIN: Gutachten, Archiv des VEB Geol. Erk. Süd, BA Freiberg (1941).

SCHRÖCKE, H.: Sächsische Zinnlagerstätten, ihre Paragenesen und Altersstellung. — Freiberger Forsch.-H., C 3, 19—24 (1952).

— Zur Paragenese erzgebirgischer Zinnerzlagerstätten. — Neues Jb. Mineralog. Mh., **87**, 1, 33—109 (1954).

— Zur Geochemie erzgebirgischer Zinnerzlagerstätten. — Neues Jb. Mineralog. Mh., **87**, 3, 418—456 (1955).

SCHÜLLER, A.: Aktennotiz. — Unterlagenzentrale StGK, Berlin 1951.

SCHWARZ: Beiträge zur Kenntnis der Erzlagerstätten von Niederpöbel im Sächsischen Erzgebirge. — Jb. f. d. Berg- u. Hüttenw. im Königreich Sachsen, S. 3—46 (1913).

SEIM, R.: Geologisch-petrologische Bearbeitung des Schellerhauer Granitmassivs. — Dipl.-Arb. am Min. Inst. der BA Freiberg, unveröff. (1953).

— Geologisch-petrologische Bearbeitung des Schellerhauer Granitmassivs. — Manuskript, Min. Inst. der BA Freiberg (1955).

ŠTEMPROK, M.: On the genesis of the ore deposit of Cinovec (Zinnwald). — Intern. Geol. Congr., XXI. Sess., Part XVI, S. 43—52 (1960).

— Genetische Untersuchung der flach fallenden Gänge auf der Erzlagerstätte Cinovec (Zinnwald) im Erzgebirge. — Sbornik ÚÚG, XXVI, Geol. Reihe, 2. Teil, 455—527 (1961).

— Sulfidische Vererzung auf der Erzlagerstätte Cinovec (Zinnwald) im Erzgebirge. — Sbornik ÚÚG, XXVII, Geol. Reihe, 7—62, (1962).

STUMPFL, E. F.: Einige neue Ergebnisse zur Geochemie der Zinnlagerstätten. — Neues Jb. Mineralog. Mh., **4**, 88—95 (1963).

TUREKIAN, K., & K. H. WEDEPOHL: Verteilung der chemischen Elemente in einigen Haupteinheiten der Erdkruste. — Geol. Soc. Am. Bull., 72, 2, 175—191 (1961).

WATZNAUER, A.: Die erzgebirgischen Granitintrusionen. — Geologie, **3** 6/7, Festschrift K. PIETZSCH, 688—706, Berlin 1954.

— Saxothuringikum—Lugikum, ein regionaltektonischer Vergleich. — Freiberger Forsch.-H., C 17, S. 30—53 (1955).

WESTERFELD, J.: The granites of the Malaya tin-belt compared with tin-granites from other regions. — Kon. Akad. Wetensch. Amsterdam, S. 1199—1209 (1936).

WINOGRADOW, A. P.: Die Durchschnittsgehalte der chemischen Elemente in den Haupttypen der magmatischen Gesteine der Erdkruste (russ.). — Geochimija, 555—571 (1962).

ŽAK, L.: Minerogenetische Studie einer pegmatitisch-pneumatolytischen Paragenese von Krupka (Graupen) im Erzgebirge. — Chemie d. Erde, **20**, 81—103 (1959).

ZIMMERMANN, E.: Erläuterungen zur geologischen Karte von Preußen und benachbarten Bundesstaaten, Blatt Hirschberg a. Saale (1912).

ZINCKEN, C.: Über die Granitränder der Gruppe des Ramberges und der Roßtrappe. — Karsten's Archiv f. Min. usw., **5**, 2. Heft, 323—364 (1832).

Unterlagen des Lagerstättenarchivs des VEB Geologische Erkundung Süd, Freiberg, bearbeitet von F. NICKERL.

Unterlagen des Archivs der Bergakademie Freiberg.

Zeitschrift für angewandte Geologie, Bd. 10 (1964), Heft 5

Untersuchung über die Klüftigkeit des Speichergesteins im Hauptdolomit des Rayons RB (Vorsudetengebiet)[1]

JERZY ST. PADUSZYŃSKI, Kraków

Einleitung

Die Feststellung der in den Gesteinen des europäischen Zechsteins, besonders des Hauptdolomits im Zechstein 2, nicht nur spurenweise auftretenden Kohlenwasserstoffmengen sowie der Analogie der Zechsteinbildung im Gebiet der VR Polen mit der anderer Gebiete hat die Entwicklung der Sucharbeiten für Erdöl und Erdgas bedingt, die in der VR Polen durchgeführt werden. Diese Arbeiten, die bisher nur in einem Fall von Erfolg gekrönt wurden, und zwar im Umkreis RB des Vorsudetengebiets, bedürfen einer sorgfältigen Analyse der Profilcharakteristik des Hauptdolomits. In dieser Hinsicht werden seit einiger Zeit im Petroleum-Institut von Kraków u. a. petrographische Arbeiten ausgeführt, deren Ziel die eingehende Kenntnis der Lithologie und Geochemie der Hauptdolomitprofile im Vorsudetengebiet ist. Die Interpretation der Forschungsresultate umfaßt die lithostratigraphischen Probleme, die Parallelisierung der Profile, sedimentologische Probleme (Genesis, Faziesdifferenzierung usw.) sowie die petrophysische Charakteristik. In vorliegender Arbeit werden wir uns mit dem klassischen petrographisch-sedimentologischen Problem nicht befassen, sondern nur einige grundsätzliche petrophysikalische Forschungsresultate an Hand von petrographischen Untersuchungen behandeln.

Ganz allgemein wird die quantitative Charakteristik des Gesteinsporenraums der Hauptdolomitprofile behandelt, und zwar die Porosität der Gesteinsgrundmasse und Speichereigenschaften, die mit der Klüftigkeit zusammenhängen. Obwohl wir uns dessen bewußt sind, daß diese Eigenschaften in hohem Maß mit dem Gesamtbild der petrographischen Gesteinscharakteristik korrespondieren müssen, übergehen wir in dieser Arbeit das Problem einer derartigen Korrelation. Wir werden uns nur in einigen Fällen darauf berufen.

Die Porosität der Gesteinsgrundmasse der Hauptdolomitprofile

Die effektive Gesteinsporosität kann man als regionale Variable (MATHERON 1962) betrachten, d. h. als eine Art Raumfunktion, deren Wert sich von einer Stelle zur anderen ändert, wobei die Kontinuität scheinbar erhalten bleibt. Im allgemeinen ist es nicht möglich, eine solche Funktion mit einem mathematischen Gesetz, das zu extrapolieren wäre, auszudrücken. Diese scheinbare Kontinuität kann sich des öfteren durch das Auftreten einer gewissen Durchschnittstendenz bemerkbar machen, bestimmt durch eine Variable, die sich in Werten ausdrückt, deren Differenz sich zwischen zwei gegebenen Stellen vermindert, je nachdem diese Stellen mehr oder weniger weit voneinander entfernt sind.

Der Charakter der regionalen Variablen beruht auf der Voraussetzung, daß zwei geometrische Volumina bekannt sind, das des geometrischen Felds und das der geometrischen Basis, d. h. des Volumens, für das der Variablenwert bestimmt bzw. berechnet wird. In unserem Fall kann die horizontale Ausdehnung des angenommenen geometrischen Felds nicht genau angegeben werden; die vertikale Ausdehnung ist genauer bestimmt. Demnach stellt dieses Feld das Volumen dar, welches die Gesteine des Hauptdolomits = Ca_2d (nach RICHTER-BERNBURG) umfaßt, der nach oben durch den Basalanhydrit (A_2) und nach unten durch den oberen Werra-Anhydrit ($A_1\beta$) begrenzt wird, mit Ausnahme des ehemaligen Küstengebiets, wo der Horizont Ca_2 größeren Mächtigkeitsreduktionen bis zum vollen Schwund sowie intensiven Faziesänderungen bis zum fast vollständigen Ersatz durch äquivalente Sedimente unterliegt.

Als Grundlage dient eine Sammlung von 232 Gesteinsproben, die dem Kernmaterial verschiedener Bohrungen entnommen wurden. Die effektive Porosität wurde an verhältnismäßig kleinen Proben (von Standardgrößen), bei Anwendung der analytischen Standardtechnik (Extraktion, Petroleumsättigung, Abwägung) ermittelt. Da die effektive Porosität nicht vektoriell ist, entfällt die Berücksichtigung von Parametern der Raumorientierung der geometrischen Basis.

Man kann durchaus nicht behaupten, daß mit dem Punktprobierverfahren alle Probleme einer solchen Aufgabe gelöst werden können. Die Proben sind für ein gegebenes Profil Ca_2 nicht immer maßgebend, weil sie des öfteren subjektiv belastet sind. Man kann durchschnittlich eine gewisse Verschiebung des Mittelwerts der effektiven Gesteinsporosität nach höheren Werten hin erwarten. Nach Möglichkeit wurde das systematisch entnommene Versuchsmaterial ausgewertet. Alles in allem sieht es so aus, daß unter diesem Vorbehalt das erhaltene Material einen wesentlichen Dokumentationswert besitzt.

Die Art der untersuchten Proben und die angewandte analytische Technik ergaben grundsätzlich Informationen über die effektive Porosität der Gesteinsgrundmasse hinsichtlich des inter- und intragranularen und -kristallinischen Porenraums der Karbonatgesteine. Jedoch wird ihre Interpretation nur in dem Fall richtig, wenn man die Daten wesentlich nur auf den Porenraum der Gesteinsgrundmasse bezieht und dabei den Porenraum der Mikrokavernen, Mikroklüfte usw. nicht in Betracht zieht.

Die synthetische Bearbeitung stützt sich auf analytisches Material aus 10 Bohrprofilen. Die Bohrlöcher sind leider im Zusammenhang mit dem Plan der Erkundungsbohrungen auf engem Raum konzentriert.

Die effektive Porosität der Gesteinsgrundmasse der Hauptdolomitprofile wurde für 232 Proben ermittelt. Nur in 9 Fällen (ca. 4% der gesamten untersuchten Proben) wurde eine effektive Porosität zwischen 4 und 10% festgestellt. Statistische Grundcharakteristika wurden für einzelne Profile bei Auslassung von hohen Porositätswerten berechnet. Hierfür wurden die Ergebnisse in Klassen von je 0,10% gruppiert; in Tab. 1 ist:

n = Anzahl der Proben
Ma = arithmetisches Mittel
d = absolute Abweichung vom arithmetischen Mittel der Gesamtheit des untersuchten Materials

[1]) Als Vortrag gehalten auf dem Berg- und Hüttenmännischen Tag, Freiberg (Sa.) 1963.

Eingang des Manuskripts in der Redaktion: 14. 10. 1963

Tabelle 1

Bohrung	n	Ma	d	Standard-abweichung
RO–1	29	0,80	+0,12%	
CHL–1	18	0,83	+0,15	
NS–1	63	0,32	–0,36	
NS–2	10	1,14	+0,46	
RB–1	11	0,61	–0,07	
RB–2	8	0,98	+0,30	
RB–3	12	0,67	–0,01	
RB–5	10	1,13	+0,45	
RB–7	24	1,31	+0,63	
RW–1	38	0,39	–0,29	
Gesamt	223	0,68%	–	0,68%

Mit den Daten der kumulativen Reihe wurden statistische Positionscharakteristiken errechnet, und zwar Quartilmaße: Mediane M sowie das erste und dritte Quartil, Q_1 und Q_3, diesmal mit Berücksichtigung des gesamten analysierten Materials, ohne Beschränkung auf das Intervall 0–4% der effektiven Grundmasseporosität. Es ergaben sich folgende Werte:

Tabelle 2

erstes Quartil	Q_1 = ca. 0,15%	der effektiven Porosität
Mediane	M = ca. 0,55%	,, ,, ,,
drittes Quartil	Q_3 = ca. 1,05%	,, ,, ,,

Die effektive Porosität der Gesteinsgrundmasse des Hauptdolomits kann also an Hand der bisherigen analytischen Daten folgendermaßen charakterisiert werden:

25% der analysierten Proben besitzen die effektive Porosität 0,00%–0,15%;
50% ,, ,, ,, 0,00%–0,55%;
75% ,, ,, ,, 0,00%–1,05%;
25% ,, ,, ,, über 1,05%

bei maximaler effektiver Porosität von ca. 10%.

Es wurde versucht, die Verteilung der Werte effektiver Porosität der Gesteinsgrundmasse des Hauptdolomits in der Gestalt einer typischen kontinuierlichen Verteilung der Zufallsvariablen darzustellen. Nach Beseitigung der effektiven Porositätswerte, die in den analytischen Berichten als „0 6 Null" angegeben waren, erhielt man eine sehr gute Anpassung an die logarithmische Normalverteilung. Das Problem der „Nullwerte" wird später besprochen; vorerst sei nur darauf hingewiesen, daß die Beseitigung der „Nullwerte" gerechtfertigt ist. Bei statistischer Untersuchung — die einem anderen spezifischen Problem galten — stellt F. BLONDEL fest, daß bei Beseitigung der Nullwerte die verbleibenden Daten die log-Normalverteilung behalten.

Nullwerte der effektiven Porosität wurden in 42 Fällen festgestellt, d. h. in ca. 18% der Gesamtheit der untersuchten Proben. Die Ergebnisse der verbleibenden 82% der Proben wurden in Klassen gruppiert, deren Breite logarithmisch wächst. Als Grenzen wurden Werte $0{,}01 \times 2^n$ angenommen, wobei n = eine ganze Zahl, also das Verhältnis der Breite der sukzessiven arithmetischen Klassen = 2 ist.

In Tab. 3 wurden das beobachtete und das theoretische Probenquantum und die Prozentfrequenz dargestellt. Mittels des chi²-Verteilungstestes wurde die angenommene Null-Hypothese so verifiziert, daß analytische Daten, in der log-Verteilungsreihe gruppiert, eine Verteilung bilden, die nicht wesentlich von der Normalverteilung abweicht, d. h., daß die untersuchte Probenpopulation von der generellen Population abstammt, die durch die log-Normalverteilung der effektiven Porositätswerte der Gesteinsgrundmasse charakterisiert ist.

In Klasseneinheiten:

arithmetisches Mittel Ma	= 6,6	Klasseneinheiten
Standardabweichung s	= 1,5	,,
Freiheitsgrade	= 5	,,
chi²	= 6,86	,,
$P(\chi^2 \geqslant \chi^2_a)$	= 0,20–0,30	

Demnach wurde gegen die angenommene Nullhypothese kein Einwand erhoben.

Es ist wahrscheinlich, daß die beobachteten Divergenzen zwischen der realen und der theoretischen Verteilungsreihe, auf einer sochen Grundlage berechnet, meistenteils von der Genauigkeit der für die Messungen der effektiven Porosität angewandten Laboratoriumstechnik abhängig sind. Gewöhnlich sind die niedrigsten Werte, die in die dritte und vierte Klasse eingestuft werden, besonders mit Fehlern behaftet. Die Einbeziehung der unzuverlässigen Werte in diese Klassen bringt ziemlich große relative Fehler mit sich. Man kann erwarten, daß z. B. bei einer Vergrößerung der Zahl der untersuchten Proben die Übereinstimmung der Verteilungen besser sein könnte, und zugleich würden niedrigere Klassen als Klasse „3" erscheinen. Es sei hervorgehoben, daß in den analytischen Berichten keine Ergebnisse, die diesen Klassen entsprechen, angegeben wurden; sie wurden vielmehr als „Null"-Ergebnisse gruppiert.

Das Vorhandensein des log-Normalverteilungsnetzes knüpft an den Begriff des proportionalen Effektes an. Die Differenz, die am besten das Wertmaß x bezeichnet, ist also nicht dx, sondern eher dx/x; $\log x = \int dx/x$ wird Normalvariable, also — logarithmische Normalvariable.

Das Auftreten der log-normalen Verteilung deutet darauf hin, daß die untersuchte und durch die gegebene Verteilung charakterisierte Erscheinung unter dem Einfluß eines proportionalen Effektes steht. Die log-normale Verteilung zeigt sich sehr deutlich auch in dem Auftreten von Spurenelementen (siehe z. B. die geochemischen Untersuchungen von AHRENS u. a.) oder im Falle einer Mineralienkonzentration in Lagerstätten mit durchschnittlich niedrigem Wert.

Im Falle einer Population, die durch größere Werte des untersuchten Parameters charakterisiert ist, wird die logarithmische Normalität des öfteren fast verifiziert, obwohl immer stärkere Abweichungen von der theoretischen Verteilung hervortreten, wobei die Zufälligkeit der Abweichungen gewöhnlich schwer zu bewerten ist. Beim Ansteigen der Werte des untersuchten Parameters und bei Annäherung an den theoretischen Wert wird das log-normale Gesetz viel seltener verifiziert; es können sogar umgekehrte Verteilungen gegenüber der log-Normalverteilung eintreten. Im Falle der effektiven Porosität müssen wir das Variabilitätsinter-

Tabelle 3

Nr. der Klassen	Klasse	Frequenz reale	Frequenz theoretische	Prozentfrequenz reale	Prozentfrequenz theoretische
3	0,04– 0,08%	1	3	0,5	1,6
4	– 0,16	15	11	7,9	5,8
5	– 0,32	24	28	12,6	14,7
6	– 0,64	47	47	24,7	24,7
7	– 1,28	55	50	28,9	26,3
8	– 2,56	29	33	15,4	17,4
9	– 5,12	12	14	6,3	7,4
10	–10,24	7	4	3,7	2,1
		190	190	100,0	100,0

vall $(0, x_t)$ unbedingt zwischen die Nullporosität und die maximale Porosität legen, die für das gegebene Gestein mit bestimmten Struktur- und Textureigenschaften und bestimmtem Chemismus möglich ist. Das log-normale Gesetz charakterisiert dagegen die Verteilung einer gewissen Größe, die sich von Null bis Unendlich verändern kann. Es ist zu erwarten, daß die obere Begrenzung x_t keinen stärkeren Einfluß auf die Verteilung ausübt, solange die Gesteinsporosität niedrig ist. Mit der Annäherung an den maximalen Porositätswert ist das Auftreten der volumetrischen „Sättigung" des Gesteinsvolumens mit dem maximalen Porenvolumen, das durch das Kurvenmaximum bei der Abszisse x_t charakterisiert ist, zu erwarten.

In bezug auf die effektive Gesteinsporosität kann man a priori erwarten, daß die log-normale Verteilung lediglich im Falle sehr niedriger Porositäten, also großer Volumina der Gesteinsminerale, auftreten wird.

Außer dem Problem der Unendlichkeitswerte tritt das der Nullwerte, die doch im logarithmischen Maßstab in minus Unendlich liegen, hervor. Das Auftreten solcher „Nullwerte" in den Untersuchungen der effektiven Gesteinsporosität scheint einerseits durch die Genauigkeit der angewandten analytischen Methoden, andererseits durch den Umfang der untersuchten Proben bedingt zu sein. Sie wären zu vermeiden durch eine Vergrößerung — eventuell starke Vergrößerung — der Probendimensionen. Selbstverständlich hat es vom ökonomischen Standpunkt aus überhaupt keine Bedeutung, um so mehr, als niedrige Porositätswerte unvorteilhaft und daher bei der Erforschung von Speichergesteinen uninteressant sind. Im Lichte der Bemerkungen von F. BLONDEL kann man jedoch eine approximative log-Normalverteilung durchführen, nachdem man die Nullwerte beseitigt hat.

G. MATHERON (dessen Ausführungen den obigen Bemerkungen zugrunde liegen) stellt fest, daß das logarithmisch normale Gesetz zu dem Effekt der volumetrischen „Sättigung" und dem Effekt der Nullwerte, welcher hervortritt, sobald die Porosität relativ niedrig und die Dimensionen der untersuchten Proben klein sind, kontradiktorisch ist.

Zusammenfassend kann man feststellen, daß die effektive Porosität der Karbonatgesteine, die das Hauptdolomitprofil bilden, mit großer Wahrscheinlichkeit durch die log-Normalverteilung charakterisiert werden kann. Solch eine Verteilung ist durch sehr niedrige Werte der effektiven Porosität der Gesteinsgrundmasse bedingt. Dieser Porenraum ist im Grunde ein interkristalliner Raum und untergeordnet — im Falle der festgestellten mikrofaziellen Typen — ein intergranularer oder auch intragranularer und intrakristalliner Raum. Einen wesentlichen Faktor, der den Gesteinsporenraum modifiziert, scheint nach unseren Untersuchungen der Anhydritisierungsgrad der Gesteine zu bilden. Die wäßrigen Lösungen mit Sulfationgehalt benutzen bei ihrer Migration sicher optimale Wege (optimale Porosität und Permeabilität), und zwar entweder in den mehr oder weniger diagenetisch veränderten und kompakten Ablagerungen oder — epigenetisch — im Gestein. Dabei entstand ein entsprechender Anhydritisierungsgradient, ohne Rücksicht darauf, ob die Lösung aus sehr entfernten Sedimentmassen zugeführt wurde oder aus Tonwässern oder Porenwässern stammt, die nächstliegende Gesteine sättigen. Es scheint so, daß der Anhydritisierungsprozeß dem genannten Proportionalitätseffekt entspricht.

Zur Zeit verfügen wir über einige Daten des Anhydritisationsgrads der Karbonatgesteine im Ca_2-Profil des Bohrlochs RW—1. Der Anhydritgehalt (in Volumenprozenten) wurde für einzelne Proben mikroskopisch bestimmt, und zwar durch die Punktanalyse (Integrationstisch, Eltinor, ROW), wobei die Profilvariabilität mittels des beweglichen arithmetischen Mittelwerts (5x) ausgeglichen wurde. Die auf diese Weise erhaltene Kurve korrelierte sehr stark mit der Kurve der Neutron-Gamma-Messung. Letztere scheint in hohem Grade durch den Porenraum der Gesteine des untersuchten Profils bedingt zu sein. Es muß betont werden, daß in dem unteren tonigeren Teil des Profils die Neutron-Gamma-Kurve eine entsprechende Ablenkung zeigt, die durch diesen Faktor bedingt ist.

Die Modifizierung des Porenraums, die durch die Anhydritisierung entsteht, scheint uns ein wichtiger Faktor zu sein. Es ist zu bemerken, daß der Anhydrit sogar in Fällen (die jedoch verhältnismäßig selten vorkommen), in denen die inneren Partien der Ooide bzw. Onkolite ausgelaugt wurden und innere Höhlungen bildeten, die Poren der feinkristallinen Grundmasse abdichtet, des öfteren in das Innere der Ooide oder Onkolite eindringt bzw. sie gänzlich ersetzt.

Diese Bemerkung schien nötig zu sein, da manchmal (z. B. bei HINZ 1959) der Zusammenhang zwischen dem Gesteinschemismus (Ca_2) und der effektiven Porosität verneint wird. Es gibt aber auch entgegengesetzte Ansichten (wie z. B. W. M. BAUSCH u. H. WIONTZEK 1961), die mit den unseren übereinstimmen.

Das obengeschilderte Bild der effektiven Porosität der Hauptdolomitgesteine des Vorsudetengebiets der VR Polen ist vom Gesichtspunkt der Erdölgeologie nicht ermutigend. Bei verhältnismäßig niedrigen Mächtigkeiten des Hauptdolomits (bis zu 40—50 m) sind seine Gesteine durch eine geringe effektive Porosität charakterisiert, die die Speichermöglichkeit für Erdöl und Erdgas ausschließt. Solch ein pessimistisches Bild ist auch aus Deutschland bekannt. Andererseits erfordert die bisherige tatsächliche Produktion eine ursächliche Erklärung. Wir stimmen mit der Meinung z. B. von F. DEUBEL (1954) und O. A. TSCHERNIKOW (1962) völlig überein, daß positive Speichereigenschaften in Dolomiten auftreten dürften, und zwar solche, die eine Ooid- bzw. Algenstruktur besitzen, welche beträchtliche Werte der effektiven Porosität aufweisen. Selbstverständlich muß man immer mit einer beträchtlichen Modifikationsmöglichkeit der Porosität u. a. durch Anhydritisierung rechnen. Deshalb sind unseres Erachtens die völlige Zurückweisung der DEUBELschen Konzeption, die Verneinung der Bedeutung der faziellen Bildung, wie es z. B. bei W. HESSMANN (1959) der Fall ist, und das Übergehen zur extrem entgegengesetzten Richtung der ausschließlichen Erforschung von klüftigen Speichergesteinen unberechtigt. Wie die Untersuchungen u. a. der sowjetischen Autoren sowie auch unsere bisherigen Forschungen ergaben, ist schwerlich zu erwarten, daß die Klüftigkeit des Trägers genügend Porenraum schaffen könnte, um eine Akkumulation beträchtlicher Kohlenwasserstoffmengen von industrieller Bedeutung zu ermöglichen. Daher wäre im Falle von Speichergesteinen mit sehr niedriger effektiver Porosität sogar bei verhältnismäßig hoher Klüftigkeit das Vorhandensein von mehr oder weniger entfernten Nachbarzonen, die durch Mikrokluftsysteme in Kontakt miteinander stehen und die sich durch eine vorteilhafte Strukturbildung oder durch das Vorhandensein von Mikrokavernen auszeichnen, zu erwarten und sogar vorauszusetzen. Tertium non datur. Unsere These lautet: Die in dem Gebiet RB in wechselnder Fazies festgestellten Oolit- und Algendolomite bildeten sich in Gebieten, die unmittelbar an den

Teil des Zechsteinbeckens anschließen, welcher sich durch erhebliche Seichtheit und vor allem durch große Wasserenergie auszeichnete. Ooide und Algenonkolite, die sich in solchem Milieu bildeten, konnten ein Sediment schaffen, dessen Struktur primär porös war, wie z. B. vom Oospatittypus, wobei einzelne Elemente über ihre Grenze hinweg verschleppt, sich in ruhigeren, tieferen Wässern zusammen mit dem feinkörnigen Karbonatschlamm niederschlagen und im Resultat etwa eine Ablagerung vom Oomikrittypus bilden konnten.

Ferner ist es nicht ausgeschlossen, daß schwachporige Gesteine der Profile Ca_2, die von mikroklüftigen Systemen durchsetzt sind, nicht nur mit den Gesteinsvolumina, deren Charakteristik oben geschildert wurde, sondern auch mit Gesteinen, die unzählige Mikrokavernen enthalten, im Kontakt stehen können. Mit anderen Worten, man kann behaupten, daß die mikroklüftigen Systeme das Porenvolumen nicht wesentlich vergrößern und daß sich ihre Rolle vor allem auf die Bildung eines Migrationsnetzes beschränkt.

Die Klüftigkeit der Hauptdolomitgesteine

Im Lichte der vorhergehenden Bemerkungen und auf Grund der Literatur ist zu erkennen, daß eine vollständige petrographische Charakteristik der Speichergesteine die Gesteinsklüftigkeit berücksichtigen muß. Grundsätzliche geometrische Parameter, die die Klüftigkeit der mikroskopisch untersuchten Gesteine charakterisieren, sind: die Kluftdichte (cm^{-1}) und deren Breite. Auf dieser Grundlage wird, unter Anwendung von Schemata mathematischer Modelle von ROMM, die Kluftporosität und -permeabilität der Gesteine berechnet. Zweifellos kann man diese Methode noch nicht als universell und ideal betrachten, sie ist jedoch die einzige Methode, die eine Gesteinscharakteristik zu ermitteln ermöglicht.

Dieser geometrische Grundparameter „Kluftdichte" kann (nach dem Vorschlag des WNIGRI) durch die Messung der summarischen Länge der Mikroklüfte, die im gegebenen Präparat vorhanden sind, bestimmt werden, wenn der erhaltene Wert durch die Fläche des Präparats dividiert wird.

Theoretisch ist diese Messung durchführbar. Man muß jedoch betonen, daß die Durchführung des Meßverfahrens bei kompliziertem Verlauf des Querschnitts der Mikrokluft in der Präparatebene oder bei größeren Mengen von Mikroklüften sehr mühselig und zeitraubend ist. Die erhaltene Genauigkeit ist nur scheinbar.

Um ein leichter anwendbares Bewertungsverfahren für die Kluftdichte zu erhalten, wurde die Anwendung einer Modifikation der statistischen Methode vorgeschlagen. Diese beruht — in Umrissen — auf einer willkürlichen Einführung eines geraden Segments von bekannter Länge in die untersuchte Fläche und einem einfachen Zusammenzählen der Schnittzahl dieses Segments mit den Schnittspuren der Mikroklüfte in der Ebene des Präparats.

Bei mikroskopischen Untersuchungen bedeckt man das Feld des Schliffs, das von der Gesteinsprobe angefertigt wurde, mit einem regelmäßigen Netz einander tangierender Kreisfelder (dem Gesichtsfeld des Mikroskops) von bekanntem Durchmesser, der durch die Wahl des Objektivs und des Okulars bedingt ist. In jedem dieser Felder wird die Gesamtzahl der (z. B. vertikalen) Schnitte des Durchmessers des Gesichtsfelds mit den Schnittspuren der Mikroklüfte in der Ebene des Präparats zusammengezählt, nachdem der Mikroskoptisch unter einem zufälligen Winkel eingestellt wurde (z. B. nach einer Reihe zufälliger Zahlen).

Die auf diese Weise berechnete Dichte der Mikroklüfte, mit einem entsprechenden Koeffizienten (= 1,57) multipliziert, stellt einen Wert für die Kluftdichte dar, die in der Ebene des untersuchten Mikroskoppräparats vorhanden ist. Danach müssen die so erhaltenen Einheiten mit einem entsprechenden Koeffizienten (ROMM) multipliziert werden, der stochastische Abweichungen der Orientierung der Präparatebene korrigiert.

Diese in allgemeinen Zügen beschriebene, theoretisch begründete Methode wurde durch Dichtemessungen der Linien auf der Ebene bei genauer Kenntnis dieses Parameters experimentell geprüft. Dies heißt durchaus nicht, daß wir eine experimentelle Prüfung der Methode für ein ausschlaggebendes Kriterium für ihre Nützlichkeit halten. Beispielsweise ergab sich folgendes: Der vorausgesetzte reale Wert der Liniendichte auf der Ebene betrug 4,00 cm^{-1}; bei Anwendung nur fünfmaliger Einstellung des geraden Segments auf der Ebene erhielten wir in einer Serie von vier Proben nachstehende Werte: 3,89 — 4,08 — 4,02 — 3,96; bei einem zehnmaligen Wurf: 3,99 cm^{-1}.

In der Gesamtheit des zur Zeit analysierten Materials wurde eine ganze Reihe morphologischer und genetischer Mikroklüfte ermittelt, die in den Ca_2-Profilen mit einer variablen, jedoch im allgemeinen folgerichtig wechselnden Dichte hervortreten.

Hauptsächlich sind es gefüllte Mikroklüfte, seltener teilweise gefüllte; die füllende Substanz besteht aus Mineralien, aus Bitumina oder auch aus beiden Substanzen gleichzeitig. Die Mikroklüfte sind häufig mit Anhydrit (seltener mit Gips) oder mit sekundär rekristallisiertem Dolomit gefüllt (daher verstopft). Ein Teil dieser Klüfte ist mit hellgelber oder hellbrauner bituminöser Substanz gefüllt, die mehrmals mit Tonmineralien gemischt ist (es handelt sich besonders um die Füllung von Stylolithen und von Schichtmikroklüften). Die Mikroklüfte sind vorwiegend intergranular. Nur selten, im Falle einer grobkristallinischen Karbonatstruktur oder im Falle des Hervortretens von Ooiden oder auch Onkolithen, durchschneiden sie die angeführten Gesteinsstrukturelemente.

Die Verteilung der Mikroklüfte ist vorwiegend — in der oberen Hälfte der Profile — chaotisch; in der unteren Partie scheinen die parallel zur feinen Gesteinsschichtung verlaufenden zu überwiegen. Ihre Form wechselt mit zufälliger Ungleichmäßigkeit. Jedoch auch in der oberen Hälfte der Profile überwiegen Mikroklüfte, deren Verlauf recht ungleichmäßig ist, die sich verzweigen oder ein Mikrokluftnetz bilden. In der unteren Hälfte der Profile erscheinen neben schwach gebogenen und verzweigten in wechselnden Mengen Mikroklüfte vom Stylolithtypus.

Abhängig von der Lage im Profil ändern sich auch die geometrischen Parameter der Mikroklüfte, ihre Breite und Länge. Im allgemeinen haben jedoch die Mikroklüfte eine regelmäßige Breite in der Größenordnung von ca. 10 Mikron; während ihre Länge in der oberen Hälfte verhältnismäßig klein ist, wird sie im Falle von parallel zur Schichtung verlaufenden Mikroklüften und Stylolithen jedoch größer.

Bei der Bewertung der Dichteparameter von Mikroklüften hat man nur offene Mikroklüfte (die ausnahmsweise vorhanden waren) oder vollkommen (teilweise mit einer bituminösen Beimengung, eventuell auch mit einer solchen von Tonmineralien) gefüllte in Betracht

Zeitschrift für angewandte Geologie, Bd. 10 (1964), Heft 5

gezogen. Diese Bemerkung gilt vor allem für die in der Analyse berücksichtigten Stylolithe sowie für die Partie im Liegenden der Profile des Hauptdolomits, die in einer Fazies vorliegt, welche der sog. „Volkenrodaer Fazies" von DEUBEL nahesteht und aus einer Laminarschichtung von Tonmineralien und bituminösen Substanzen besteht.

Es ist zu bemerken, daß die Mikroklüfte der Dolomite der „Volkenrodaer Fazies" in hohem Maß mit dunklem, stark metamorphosiertem Bitumen gefüllt sind; deshalb wurden sie bei der Berechnung der durchschnittlichen Kluftporosität und -permeabilität nach ROMMs Schema nicht in Betracht gezogen. Die angegebene Charakteristik der Mikroklüftigkeit müßte durch die Ergebnisse der Beobachtung des makroskopischen Materials der Bohrkerne ergänzt werden.

Tabelle 4

Bohrung: RW – 1

Probe-Nr.	Mikroklüftedichte (cm^{-1})
255	0,00
256	0,00
257	0,06
259	0,00
260	1,34
261	0,24
262	0,06
263	0,00
264	0,05
265	0,98
266	0,00
267	1,30
268	0,12
269	0,10
270	0,62
271	1,01
272	0,97
273	0,00
274	0,00
275	2,01
276	0,00
277	0,18
278	0,04
280	0,74
281	0,08
282	0,81
283	1,14
284	1,44
285	1,54
286	0,19
287	0,00
288	0,50
289	0,49
290	0,08
291	0,00
292	11,83
293	mehr als 30

Ca_2: 1291 – 1334 m

Bohrung: RB – 17

Probe-Nr.	Mikroklüftedichte (cm^{-1})
169	0,24
170	1,37
171	0,00
172	**0,31**
173	0,00
174	0,04
175	0,00
176	0,06
177	2,34
178	2,40
179	0,25
180	0,62
181	0,33
182	0,34
183	0,07
184	0,00
185	0,11
187	1,31
188	**1,60**
189	0,86
190	0,09
191	0,08
192	3,54
193	2,11
194	4,36
195	7,00
196	36,5
197	mehr als 30
198	0,00
199	2,86
200	0,42
201	0,89
202	0,33
203	0,78

Ca_2: 1966 – 2009 m

Bohrung: RB – 1

Probe-Nr.	Mikroklüftedichte (cm^{-1})
1	0,00
2	?
3	30,2
4	2,4
5	8,4
6	5,0
7	2,0
8	0,6
9	0,1

Ca_2: 1869 – 1880 m

Arithm. Mittel:

	n		x 1,57 nach ROMM
RW – 1	35	0,72	1,13
RB – 17	25	1,41	2,21
RB – 1	8	9,6	15,0
gesamt	68	2,0	3,2 cm^{-1}

In den beigefügten Tabellen sind die unmittelbaren analytischen Ergebnisse angegeben, ohne Anwendung des Korrektionskoeffizienten (= 1,57). Es wurde ein

Tab. 5. Die Gesteinskluftporosität und -permeabilität der Hauptdolomitprofile

Parameter	RW – 1	RB – 17	RB – 1	gesamt
Porosität, in %	0,05	0,09	0,61	0,13
korrigiert	0,07	0,14	0,96	0,20
Permeabilität, md				
Schema I	2,46	4,82	32,83	6,84
Schema II	1,23	2,41	16,42	3,42
Schema III	1,58	3,10	21,12	4,40
Schema IV	1,23	2,41	16,42	3,42

Die Kluftporosität der Probe 3 vom Profil Ca_2, Bohrloch RB – 1 (mit maximaler analytischer Dichte der Mikroklüfte):

Schema I	160 md	Schema III	103 md
Schema II	80 md	Schema IV	80 md

orientierender arithmetischer Mittelwert der unkorrigierten Ergebnisse der Mikrokluftdichtemessungen für die Hauptdolomitprofile der Bohrungen RW—1, RB—17 und RB—1 berechnet, wobei ausschließlich die oberen Teile der Profile im Sinne der obigen Bemerkungen berücksichtigt wurden.

Die Übersicht der bisherigen Ergebnisse von Analysen, welche eine Schätzung der Mikroklüftigkeit in den Gesteinen der Hauptdolomitprofile darstellen, scheint darauf hinzuweisen, daß ihre Dichte im Profil der Erdölsonde RB—1, charakterisiert durch den arithmetischen Mittelwert (= 15 cm^{-1}), deutlich höher ist als der arithmetische Mittelwert der Mikrokluftdichte des gesamten bisher bekannten Materials.

Da die Dichte der Mikroklüfte einen Parameter darstellt, welcher besonders die petrographischen Charakteristika des Gesteins (die Kluftporosität und -permeabilität) bedingt, wären eine wesentlich höhere Kluftporosität wie auch Permeabilität in dem erforschten Teil des Ca_2-Profils der Bohrung RB—1 im Vergleich zu den beiden verbleibenden Fällen zu erwarten.

Daraus ist zu folgern, daß eine gewisse Korrelation zwischen der Erdölgewinnung aus der Bohrung RB—1 und den angegebenen charakteristischen Merkmalen der Mikroklüftigkeit der Gesteinsprofile Ca_2 besteht.

Auf Grund der Überlegungen und der Formeln von ROMM wurden Mittelwerte der Kluftporosität für die drei erwähnten Hauptdolomitprofile berechnet. Die Berechnungen der Kluftpermeabilität wurden auf Grund neuer Formeln von ROMM vorgenommen. Diese Formeln unterscheiden sich durch ihre Koeffizienten von denen, die in den früheren Veröffentlichungen des WNIGRI angegeben wurden (mündliche Angabe und spätere Veröffentlichung in „Methodische usw.", 1962).

Die Formel lautet:

$$K_T = A \frac{\sum_{i=1}^{N} b_i^3 \cdot l_i}{\sum_{i=1}^{N} S_i} \quad (\text{DARCY})$$

Hierbei ist:

b_i = Breite der Kluft (cm)
l_i = summarische Länge der Mikroklüfte im Schliff (cm)
S_i = die Fläche des Schliffs (cm^2)
N = Zahl der Schliffe
A = Koeffizient

Werte des Koeffizienten A:

I. eine Anordnung der horizontalen Klüfte . . $3{,}42 \cdot 10^6$
II. zwei Anordnungen rechtwinklig aufeinanderstehender Klüfte, senkrecht zur Schichtung $1{,}71 \cdot 10^6$
III. drei Anordnungen rechtwinklig aufeinanderstehender Klüfte; . . . . $2{,}28 \cdot 10^6$
IV. chaotische Klüftigkeit. . . . . $1{,}71 \cdot 10^6$

Bei den Grundberechnungen von zwei petrophysischen Parametern wurde der Durchschnittswert der Mikrokluftbreite b = 10 Mikron = 0,001 cm als wahrscheinlichster Wert angenommen.

Die angegebenen Kluftporositätsdurchschnittswerte für Hauptdolomitprofile stimmen mit den in den Arbeiten vom WNIGRI für Karbonatgesteine angegebenen Durchschnittswerten überein. Danach tritt nebst sehr niedriger effektiver Porosität der Gesteinsgrundmasse eine sehr niedrige Kluftporosität auf. Beide zusammen bilden einen zu geringen Porenraum, um Erdöl oder Erdgas von industriellem Wert speichern zu können. Es bestätigt sich hiermit die Behauptung der WNIGRI-Autoren und z. B. von N. PLOTNIKOW (nach O. A. TSCHERNIKOW 1962), daß die Bedeutung — und zwar die wesentliche Bedeutung — der Mikroklüfte im Speicher vor allem und hauptsächlich in der Bildung von Migrationskanälen besteht, welche Gesteinsvolumina von größerer Porosität zusammenfügen und dränieren bzw. dieselben mit dem Bohrloch in Verbindung setzen. Die durchschnittlich erzielten Werte der Kluftpermeabilität der Hauptdolomitprofile — in seinem erforschten Teil im Bohrloch RB—1 (der in Produktion steht) — sind durch eine deutliche Steigerung charakterisiert. Auch die Größenordnung dieses Parameters stimmt mit den durch die Verfasser des WNIGRI zitierten Daten überein.

Auf Grund von petrographischen Untersuchungen allein kann man sich nur schwer eine Meinung über die Genesis der Klüfte bilden. Zweifellos stehen die Mikroklüfte des unteren Teils des Ca_2-Profils, die Schichtmikroklüfte, in unmittelbarer Verbindung mit den Ablagerungsprozessen. Die verbleibenden Mikroklufttypen müssen als tektonische Klüfte interpretiert werden, obwohl sie in einem gewissen Grad durch Sediment- oder Gesteinsmerkmale gekennzeichnet sind. Dieser Faktor kommt jedoch nur sehr schwach zum Ausdruck.

Schließlich muß noch hinzugefügt werden, daß von den drei besprochenen Profilen nur das Profil RB—1 unmittelbar in der Bruchzone, in der sowohl die rheinische wie auch herzynische Richtung auftritt, angesetzt ist. Die Frage, ob die Klüftigkeitssteigerung der Ca_2-Gesteine mit der Bruchzone ursächlich verbunden ist, kann eindeutig nur schwer beantwortet werden, obwohl diese Folgerung logisch und als sehr wahrscheinlich erscheint. Über das Thema solcher Verbindungen haben sich ALBRECHT (1932), DEUBEL (1954), KARPE (1959) und viele andere Autoren ausgesprochen.

Die petrographischen Untersuchungen der Mikroklüftigkeit der Hauptdolomitgesteine werden auf Grund von sedimentologischen komplexen Forschungen weitergeführt.

Literatur

ALBRECHT, H.: Das Erdölvorkommen von Volkenroda. — Kali, **26**, 25—33 (1932).
BAUSCH, W. M., & H. WIONTZEK: Petrographische Untersuchungen am Hauptdolomit von Rehden. — Erdöl u. Kohle, **14**, 686—692 (1961).
BLONDEL, F.: Beitrag in G. MATHERON: Traité de géostatistique appliquée, I. — Paris 1962.
DEUBEL, F.: Betrachtungen über das Auftreten von Erdöl und Erdgas im Zechstein des Thüringer Beckens. — Geologie, **3**, 804—831, Berlin 1954.
HESSMANN, W.: Erfolgreiche Erdgassuche — Beweis für neue theoretische Anschauungen. — Z. angew. Geol., **5**, 571—572, Berlin 1959.
HINZ, K.: Zum Abhängigkeitsverhältnis zwischen Geochemie und Nutzporosität des Zechstein 2 am Westteil der Struktur Mulkwitz (Niederlausitz). — Z. angew. Geol., **5**, 440—442, Berlin 1959.
JAHNS, H.: Die statistische Auswertung von Porositäts- und Permeabilitätsmessungen. — Erdöl u. Kohle, **14**, 93—100 (1961).
KARPE, W.: Ein Beitrag zur Kenntnis der Erdöllagerstätten Volkenroda. — Z. angew. Geol., **5**, 422—425, Berlin 1959.
MATHERON, G.: Traité de géostatistique appliquée, I. — Paris 1962.
MILLER, R. L., & E. D. GOLDBERG: The normal distribution in geochemistry. — Geochim. et Cosmochim. Acta, **8**, 53—62 (1955).
RICHTER-BERNBURG, G.: Stratigraphische Gliederung des deutschen Zechsteins. — Z. deutsch. geol. Ges., **105**, IV, 1953, 843—854 (1955).
SMECHOW, E. M.: Gesetzmäßigkeiten der Entwicklung der Klüftigkeit der Gesteine und klüftige Speichergesteine. — Tr. WNIGRI, wyp. 172 (1961).
TSCHERNIKOW, O. A.: Zur Porosität der Gesteine des „Hauptkarbonats". — Z. angew. Geol., **8**, 624—626, Berlin 1962.
Klüftige Gesteine und ihre Speichereigenschaften (Untersuchungsmethoden). — Tr. WNIGRI, wyp. 121 (1958).
Die Klüftigkeit der Gesteine und klüftige Speichergesteine. — Tr. WNIGRI, wyp. 193 (1962).
Methodisches Handbuch zum Studium der Klüftigkeit der Gesteine und klüftigen Erdöl- und Erdgasspeichergesteine. — Leningrad 1962.

Neue Aufschlüsse des Rotliegenden im Norddeutschen Flachland[1]

K. H. ALBRECHT & K. GOLDBECHER, Gommern

(Mitteilung von der VVB Erdöl—Erdgas, Gommern)

Im letzten Jahrzehnt wurden im Norddeutsch-Polnischen Becken und in den unmittelbar angrenzenden Gebieten zahlreiche Bohrungen niedergebracht, die neue Erkenntnisse über den Aufbau des tieferen Untergrunds erbrachten.

Die bekannten Tiefbohrungen in der VR Polen, Łeba (DAHLGRÜN & SEITZ 1944) und Pasłek (TYSKI 1961) ließen erkennen, daß die nördliche Verbreitungsgrenze des Rotliegenden im mittleren Teil von Polen zu suchen ist. Die Bestätigung dafür erbrachten die Bohrungen Magnuszew (KRASSOWSKA 1962) und Zebrak IG 1 (LENDZION 1961), die sedimentäres Rotliegendes in Form von bunten, z. T. kirschroten, partieweise konglomeratischen Sandsteinen, die in Wechsellagerung mit Ton- und Schluffsteinen vorlagen, nachwiesen. Mehrere Bohrungen nördlich der Sudeten brachten weitere Hinweise für das Vorhandensein der tonigsandigen Ausbildung des Rotliegenden im SW der VR Polen. Eruptiva (Porphyr und Melaphyr) sind bisher nur aus den zu Tage tretenden Aufschlüssen bei Jelenia Góra und Wałbrzych bekannt.

Die südschwedischen Bohrungen Svedala und Ljunghusen 1 (KÖLBEL 1963) fuhren kein Rotliegendes an. Die triassische Sedimentationsfolge wurde in beiden Fällen von Ablagerungen des Gotlands und des Kristallins unterlagert.

Die Tiefenaufschlüsse aus Dänemark lassen, soweit ihre Ergebnisse veröffentlicht wurden, erkennen, daß Rotliegendablagerungen nur außerhalb der stark positiven Magnetanomalie Mitteldänemarks erbohrt worden sind. Die

[1]) Eingang des Manuskripts in der Redaktion: 4. 12. 1963

Bohrung Slagelse 1 (LARSEN & BUCH 1960), nördlich der Hochlage, und die Bohrung Tondern 2 (SORGENFREI 1957), südlich des magnetischen Hochs, erbrachten sedimentäre Rotliegendablagerungen, die in der Hauptsache aus rötlichem Feinsand- und Tonsteinen bestehen.

Die zahlreichen Aufschlußbohrungen in Westdeutschland haben im Raum des Nordwestdeutschen Beckens sowohl sedimentäres als auch eruptives Rotliegendes erbohrt. Besonders erwähnenswert sind die Ergebnisse der Bohrungen Groothusen Z 1 (TRUSHEIM 1959), Lieme 1 (FABIAN & SCHMIDT 1953), Northeim 1 (FABIAN 1957), Oebisfelde 7 und 8 (KNAPE 1963) und Gorleben Z 1 (KÜHNE 1958), die sedimentäres Rotliegendes durchteuft bzw. angefahren haben. Bei dem durchteuften Material handelt es sich bei den beiden erstgenannten Bohrungen um rötlich gefärbte, fein- bis grobkörnige Sandsteine, wechsellagernd mit Tonsteinen. Bei der Bohrung Northeim 1 handelt es sich um „ein graues, meist aber rotbraunes Konglomerat bzw. Fangkonglomerat mit kalkigem Bindemittel".

Als Beispiel für Rotliegend-Eruptiva sollen die Bohrungen Oberlanger-Tenge Z 1 (FABIAN, GAERTNER & MÜLLER 1962), Oebisfelde 6, 9 und 13 (KNAPE 1963) und Weyhausen Z 1 (PHILIPP 1960) erwähnt werden. Die Bohrung Oberlanger-Tenge Z 1 durchteufte unter sedimentärem Rotliegendem eine 130 m mächtige Abfolge von Vulkaniten (Spiliten), die Deckenergüsse darstellen dürften, während die Weyhausen Z 1 unter Sandsteinen und Tonsteinen den jüngeren Porphyrit, Porphyr und dann den älteren Porphyrit anfuhr (SCHREIBER 1960).

Auf dem Gebiet der DDR liegen die relativ ältesten Ergebnisse aus dem Raum Südbrandenburg und dem nördlichen Teil der Lausitz vor. Hier durchteufte die Bohrung Türkendorf 1 Pleistozän, Tertiär, Buntsandstein und Zechstein. Das 19,6 m mächtige Rotliegende wurde ebenfalls durchteuft und bei 1263,0 m das Altpaläozoikum erreicht. Das sedimentäre Rotliegende tritt hier in Form eines feinkörnigen Sandsteins auf, der überwiegend violettrötliche Farbtöne aufweist. Das Material ist teilweise schwach kalkig und partieweise mit fein- und bis mittelkiesigen, gut kantengerundeten Geröllen durchsetzt. Der Sandstein (Mächtigkeit größer als 1,2 m) weist teilweise gute Schichtung auf. Einlagerungen von grauem bis rotbraunem Tonstein treten unregelmäßig und bis zu 100 mm Stärke auf.

Die im selben Bereich gelegenen Bohrungen Guben 10 und Tauer 1 haben das Rotliegende nur angefahren, so daß Angaben über die Gesamtmächtigkeit und Abfolge des Rotliegenden nicht bekannt sind.

Das sedimentäre Rotliegende der Bohrung Guben 10 wurde unter Pleistozän, Oberkreide, der triassischen Abfolge und Zechstein bei 2368,0 m erbohrt. Das 25,0 m mächtige Sediment setzt sich aus feinkörnigem Sandstein (Farbe: hellrotbraun, rotbraun bis hellorange) und zwischengelagerten rotbraunen Ton- und Schluffsteinlagen zusammen.

Die erbohrten Kerne sind stellenweise recht mürbe und sind nach makroskopischer Aufnahme durch ein toniges bis schluffiges Bindemittel verkittet.

Das bei 2529,0 m erbohrte 29,5 m mächtige Rotliegendsediment der Bohrung Tauer 1 wird von der gleichen Sedimentabfolge wie in der Bohrung Guben 10 überlagert. Die hier interessierenden Sedimente haben eine ähnliche petrographische Zusammensetzung wie die der erwähnten Bohrung Guben 10. Sie unterscheiden sich lediglich in der Körnigkeit — hier fein- bis mittelkörnig — und im Bindemittel — im oberen Teil tonig bis mergelig, im unteren Teil stärker kalkig.

Die Bohrung Guben 2 erbohrte unter Pleistozän und Tertiär die triassische Abfolge und unter dem Zechstein bei 2077,5 m das Rotliegende. Das sedimentäre Rotliegende besitzt hier eine Mächtigkeit von 315,4 m. Die ca. 80 m mächtige obere Abfolge setzt sich überwiegend aus fein- bis mittelkörnigem, hellrotbraun- bis orangefarbenem Sandstein zusammen, der teils mürbe, teils geschichtet durch ein tonig-kalkiges Bindemittel verfestigt worden ist. Eine Einlagerung von Tonstein war im Kernmaterial nicht feststellbar, obwohl in Spülproben ein Tonanteil bis 30% angenommen wird.

Eine Zwischenlage eines ca. 20 m mächtigen, stark quarzporphyrhaltigen Sediments, das durch ein tonig-sandiges bis kalkiges Bindemittel verkittet ist, unterbricht die bis zu einer Teufe von 2392,0 m reichende Wechselfolge von rotbraunem bis braunrotem Ton- und Schluffstein.

Dann setzt eine 68,0 m mächtige Eruptivserie ein, die aus einem lilagrauen Porphyrit besteht. Dieses zum Unterrotliegenden gerechnete Eruptivgestein hat bis zu 2 cm große Mandeln, die überwiegend von Calzit, Quarz und Talkmineralien gebildet werden. In der feinkristallinen bis dichten Grundmasse sind bis 4 mm starke Feldspatleisten, Eisenoxyd in Kugelform und Einschlüsse von Tonsteinen erkennbar. Der untere Teil des Unterrotliegenden, bis 2497,0 m reichend, baut sich aus Ton- und Schluffstein auf, deren Farbbereich zwischen braunrot und lilagrau liegt, der plattig bis uneben bricht, und wird durch Einlagerungen von rotbraunem, z. T. mürbem Sandstein unterbrochen. Als Liegendes der Rotliegendabfolge treten Granodiorit und Hornstein auf.

Im Raum Südbrandenburg sind in den letzten Jahren ebenfalls eine Reihe von Aufschlüssen geschaffen worden, die diesem bisher für den tieferen Untergrund als „terra incognita" angesehenen Gebiet eine besondere Rolle zukommen lassen.

Die Bohrung Staakow Z 4 fuhr unter Pleistozän und Tertiär den Muschelkalk an, durchteufte den Buntsandstein und Zechstein und kam bei 1444,5 m in das sedimentäre Rotliegende, das sich bis zu einer Teufe von 2044,5 m in der Hauptsache aus fein- bis mittelkörnigem Sandstein aufbaut. Dem hellrotbraunen bis braunroten Sediment sind partieweise Geröllagen (Gerölle bis 5 cm Durchmesser) zwischengeschaltet. Die gut gerundeten Gerölle bestehen überwiegend aus Milchquarz und Lydit. Ton- und Schluffstein sind dem Sandstein lagenweise, jedoch unregelmäßig und in nur geringen Mächtigkeiten eingelagert. Bis zu einer Teufe von 2085,7 m folgt dann in der sedimentären Abfolge des Rotliegenden ein dunkelrotbrauner bis violettbrauner Schluffstein, der schwach feinsandig ist und ebenso wie der hangende Sandstein stellenweise grobkörnige Partien mit Lyditen und Quarzen aufweist. Die gesamte Abfolge besitzt einen stark wechselnden Kalkgehalt.

Die Eruptivserie beginnt in dieser Bohrung mit einem Porphyrit, der violettbraun bis dunkelviolettbraun gefärbt ist. Die Grundmasse ist dicht bis feinkristallin, z. T. stark angewittert. Als Einsprenglinge konnten Feldspat, Hornblende, Chlorit, Quarz in verschiedenen Abarten und Calzit identifiziert werden. Die auftretenden saiger stehenden Klüfte sind mit Calzit ausgefüllt.

Das folgende, ca. 20 m mächtige Zwischensediment besteht aus Schluffstein, ist rotbraun bis hellrotbraun gefärbt und ziemlich dicht und kompakt. Die Schichtung ist horizontal, die Schichtflächen sind teilweise mit Glimmer belegt. Einschaltungen von Feinsand und stärker tonigem Material sind im Schluffstein vorhanden. Die dann folgende 294,9 m mächtige Serie trägt eruptiven Charakter. Der braunviolett-violette bis dunkelrotbraune Porphyrit gleicht in Grundmasse und Einsprenglingen dem oberen Porphyrit und unterscheidet sich nur durch das stärkere Auftreten von calzitgefüllten Mandeln. Häufig kommen Einschlüsse von rotbraunem Schluff- und Tonstein vor, die gefrittet erscheinen.

Die Bohrung Staakow Z 12 fuhr unter den gleichen Sedimenten (unter Ausfall des Muschelkalkes) wie die Bohrung Staakow Z 4 bei 811,3 m wahrscheinlich sedimentäres Rotliegendes an. Diese 146,0 m mächtige Folge besteht aus rotbraunem Sandstein, kalkfrei, unterbrochen durch gröbere und feine Lagen. Als Bindemittel tritt im oberen Bereich Ton und im mittleren und unteren Teil vorwiegend SiO_2 auf. Unter einer Störung folgt dann, nur durch Spülproben belegt, ein Quarzgang (Milchquarz mit muscheligem Bruch), der Vererzungserscheinungen aufweist, die sich aus Kupferkieskonkretionen, Pyrit und teilweise Bleiglanzschüppchen aufbauen. Die Farbe der Quarze schwankt zwischen weißlich-grau und hellgraubräunlich.

Das Liegende, eine 174,0 m mächtige Abfolge von fein- bis mittelkörnigem, rötlichbraunem bis hellrötlichbraunem Sandstein und vereinzelt rotbraunem Tonstein wird bei 1316,0 m von Eruptiva abgelöst. Der bis zu einer Teufe von 1654,0 m reichende dunkelviolette Porphyrit hat eine strukturlose Grundmasse, in der sich Einsprenglinge bis 1 cm Durchmesser erkennen lassen. Es handelt sich hierbei wiederum um Feldspat (Leisten) und Hornblende- und Pyroxenumwandlungen. Mit Calzit gefüllte Mandelsteine treten ebenfalls auf.

Eine 82,0 m mächtige sedimentäre Serie, die aus einer Wechsellagerung von rotbraunem, mergeligem Schluffstein und Tonstein besteht, könnte als Zwischensediment bezeichnet werden; denn bis zur einer Teufe von 1793,0 m folgt dann als Eruptivgestein ein Orthoklasporphyr. Die dunkelviolettrote Grundmasse weist gut ausgebildete, hellrosa bis fleischfarbene Orthoklase bis 2 cm Länge auf. Als Nebengemengteile treten Hornblende, Augit und milchig trüb gefärbte Quarze auf. Auf vorhandenen Kluftflächen ist Kalkspat abgesetzt worden.

Das Rotliegende wird in dieser Bohrung von Granodiorit unterlagert.

Auch in weiteren Bohrungen in diesem Gebiet wurde sedimentäres und eruptives Rotliegendes angetroffen.

Die älteste Bohrung, die Aufschluß über das Vorhandensein von Rotliegendem im Norddeutschen Becken erbrachte, ist Rüdersdorf 10, östlich von Berlin. Sie fuhr unter Pleistozän, Buntsandstein und Zechstein bei 3171,58 m violettbraunen bis dunkelbräunlichgrauen, fein- bis mittelkörnigen Sandstein an, der zum Oberrotliegenden gerechnet wird. Die Mächtigkeit des angefahrenen Sediments beträgt 25,97 m.

Eine neuere Bohrung, Rüdersdorf 13, fuhr unter Pleistozän und fraglichem Tertiär, Muschelkalk, Buntsandstein und Zechstein bei ca. 3200,0 m eine 80,0 m mächtige sedimentäre Rotliegendfolge an. Das Gestein besteht vorwiegend aus Sandstein, dem Ton- und Schluffsteine zwischengelagert sind. In den Sandsteinen treten Konglomeratzonen auf, die im unteren Teil der Serie zunehmen. Die Gerölle setzen sich aus dunklen Kieselschiefern und hellen Quarziten in einer Größenordnung bis 6,3 mm ∅ zusammen.

Die eruptive Folge, die dann einsetzt, beginnt mit einem Porphyrit. Bis zur Teufe 4054,4 m folgt eine in ihrer Mächtigkeit stark schwankende Serie von Ergußgesteinen, die sich in unregelmäßigem Wechsel aus Melaphyr, Dolerit, Porphyrit, Melaphyrmandelstein, Tuffit, Quarzporphyrit und Augitmelaphyr zusammensetzt.

Ein weiterer, für die Verbreitung von Rotliegenderuptiva sehr wesentlicher Aufschluß wurde von der Bohrung Buchholz 6 im Gebiet des Hohen Flämings geschaffen. Unter Känozoikum, Trias und Zechstein wurde bei 2759,25 m sedimentäres Rotliegendes angefahren. Die ca. 288 m mächtige Abfolge besteht zum überwiegenden Teil aus Fein- bis Mittelsandstein, besitzt eine rötlichbraune Farbe und ist partieweise konglomeratisch ausgebildet — als Hauptkomponenten treten Quarze verschiedener Färbung und Kieselschiefer auf, zurücktretend Gesteinsbruchstücke von Ergußgesteinen. Das Bindemittel ist karbonatisch (hauptsächlich dolomitisch) bis kieselig ausgebildet.

Die bis zu einer Teufe von ca. 3140 m reichenden Eruptiva setzen sich aus Porphyrit, Melaphyr und Tuff zusammen.

Die eingeschalteten Zwischensedimente bestehen aus Sandsteinen und Konglomeraten mit sehr schlecht kantengerundeten Eruptivbruchstücken bis 10 cm Durchmesser und gut gerundeten Quarzen. Über die stratigraphische Einordnung des erbohrten liegenden Sedimentgesteins besteht bis jetzt noch keine Einigung.

Es soll nicht unerwähnt bleiben, daß im Gebiet der Letzlinger Heide durch verschiedene Bohrungen sedimentäres Rotliegendes erbohrt worden ist. Als Beispiel dient die Bohrung Roxförde 1. Hier wurden in einer Teufe von 516,5—646,1 m (Endteufe) rotbraune Ton- und Schluffsteine mit Einlagerungen von fein- bis mittelkörnigem Sandstein erbohrt. Das Gestein zeigt streckenweise, daß die einzelnen Gesteinsarten miteinander verzahnt sind und daher keine klare Gliederung und Unterscheidung möglich ist.

Zahlreiche im N der Deutschen Demokratischen Republik niedergebrachten Bohrungen erbrachten sehr wichtige und wesentliche Angaben über den Bau des tieferen Untergrunds, besonders über Art und Verbreitung von Rotliegendsedimenten und -eruptiva.

Die Bohrung Arkona, im Norden der Halbinsel Wittow, durchteufte Pleistozän, Kreide, Muschelkalk und Buntsandstein und erreichte unter Ausfall des Zechsteins bei 761,0 m das Rotliegende. Die 93,0 m mächtige sedimentäre Folge besteht im wesentlichen aus einem rotbraunen bis ockerbraunen Konglomerat und Zwischenlagen von braunem Ton- und Schluffstein. In dem tonig-schluffigen Bindemittel sind mäßig bis gut gerundete Gerölle von Grauwacken, Milchquarz, Quarziten, Kalkstein und Porphyr erkennbar. Das erbohrte Liegende wird stratigraphisch dem Ordovizium zugeordnet (KÖLBEL 1963).

Die im Süden der Halbinsel Wittow abgeteufte Bohrung Wiek durchteufte fast dasselbe käno- und mesozoische Profil wie die Bohrung Arkona, den Zechstein, das Rotliegende, das Oberkarbon und Teile des

Unterkarbons. Das bis ca. 1044,0 m reichende klastische Gestein beginnt mit einem Feinkonglomerat, das mit der Farbgebung „bunt" charakterisiert wird. Die rot- bis graubraune Farbe dominiert, untergeordnet treten dunkelgraue bis graugrüne Farben auf, die den grobkonglomeratischen Gesteinsbruchstücken zuzuordnen sind. Neben den erwähnten Farben kommt noch weiß hinzu, die Farbe des karbonatischen Bindemittels.

Der darunter folgende rotbraune Feinsandstein weist feinkonglomeratische Partien auf und ist relativ mürbe. Den Abschluß bildet ein Fein- bis Grobkonglomerat (bis 5 cm große Bruchstücke), dessen Bindemittel karbonatisch (kalkig) ausgebildet ist.

Auf dem nordöstlichen Teil des Inselkerns Jasmund wurde die Bohrung Lohme niedergebracht, die folgende stratigraphische Systeme durchteufte bzw. anfuhr: Quartär, Kreide, Trias, Perm (nur die Abteilung P 1) und Karbon mit den Abteilungen Siles und Dinant (DABER 1963).

Bei dem von ca. 979,0—1222,0 m reichenden sedimentären Rotliegenden handelt es sich um Tonstein, der in seiner Farbzusammensetzung zwischen rotbraun, graugrün und grünlichgrau schwankt. Der Tonstein ist stark verknetet (Harnische) und besitzt cm- bis dm-starke Einlagerungen von grauviolettem Staub- bis Feinmittelsandstein, der teilweise mit verknetet worden ist.

Ebenfalls auf Jasmund wurde die Bohrung Rügen 103 abgeteuft, die unter Zechstein bei 1774,9 m fragliches Rotliegendes erbohrte. Die 11,1 m mächtigen rotbraunen Konglomerate sind fein- bis grobstückig ausgebildet und enthalten hauptsächlich bis 100 mm große Porphyritgerölle. Das Bindemittel ist tonig-schluffig bis kalkig.

Bei dem unterlagernden Material handelt es sich um ein Ergußgestein des Gabbrotyps. In dem als olivinführenden Diabasporphyrit bezeichneten Gestein wurden Plagioklas (72%), Olivin (15%), Augit, Chlorit und Hämatit als Gemengteile festgestellt. Das Ergußgestein kann nach dem derzeitigen Kenntnisstand Rotliegendalter besitzen.

In der Bohrung Samtens auf Rügen wurden ebenfalls Eruptiva erbohrt, jedoch in einer anderen Fazies. Unter Känozoikum und nicht vollständig ausgebildetem Mesozoikum wurde Zechstein angetroffen, und ab 1752,0 m folgte eine 4,0 m mächtige Konglomeratfolge mit wenig kantengerundeten Bruchstücken von Quarzporphyr in einem mergeligen Bindemittel. Bis zur Endteufe von 2022,3 m ist ein rotbrauner, dunkelbraunkarmin- bis sienafarbiger Quarzporphyr erbohrt worden, in dem z. T. kaolinisierter Feldspat, Quarz und Turmalin in der Grundmasse als Einsprenglinge vorliegen. Zahlreiche Klüfte durchsetzen das Gestein, fallen mit ca. 15—20° ein und sind im überwiegenden Maß durch Calzit verheilt.

Neue Aufschlüsse sind auch im nordöstlichen Teil des Festlands geschaffen worden, die sedimentäres Rotliegendes über eruptivem erbrachten. Eine Ausnahme hiervon bildet eine Bohrung im Raum Reinkenhagen, die unter dem Zechstein eine 109,0 m mächtige Serie von fein- bis mittelkörnigem Sandstein erbohrte. Dem feinklastischen, rotbraunen Sediment zwischengelagert sind Konglomeratzonen mit einem reichlichen Anteil von kantengerundeten Geröllen bis 6 cm Durchmesser, bestehend aus Porphyr, Quarzporphyr, Kieselschiefer und Quarziten. Bindemittel: feinsandig bis kalkig.

Die Bohrung Grimmen 1 durchteufte folgende Systeme: Quartär, Jura (Lias), Trias und Zechstein. Das darunter folgende, ca. 400 m mächtige sedimentäre Rotliegende setzt sich im oberen Teil aus einer violettbraunen Ton-und-Schluffstein-Wechsellagerung, im mittleren Teil aus einem mit schluffig-tonigem Bindemittel verkitteten Konglomerat und im unteren Teil aus einem fein- bis mittelkörnigen, violett- bis rotbraunen Sandstein mit Schluff-und-Tonstein-Zwischenlagen zusammen. Die folgenden Eruptiva werden durch ein ca. 3 m mächtiges klastisches Zwischensediment unterbrochen. Bei dem Ergußgestein handelt es sich um lilabraunen Quarzporphyr, dessen Grundmasse krypto- bis mikrokristallin ausgebildet ist. Bei Einsprenglingen sind Plagioklas, Orthoklas, Quarz, Epidot und Hämatit erkennbar; eine Ausbildung von Mandeln (Chlorit, Quarz und dessen Varietäten) wurde teilweise beobachtet.

Die Basis des Zechsteins wurde in der Bohrung Greifswald bei 2415,5 m erreicht. Das sedimentäre Rotliegende besteht dort im wesentlichen aus einem brekziösen Konglomerat, dem bei ca. 2570,0 m ein Melaphyrmandelstein geringer Mächtigkeit zwischengelagert ist. Ab 2670,0 m beginnt die Eruptivfolge, die sich bis 3065,0 m aus violett- bis rotbraunem Porphyr zusammensetzt. Das Liegende bildet klastisches Material, dessen stratigraphische Einordnung z. Z. noch unklar ist.

In der Bohrung Lubmin wurde unter dem Pleistozän die fast vollständige Abfolge des Mesozoikums (Fehlen des oberen Juras) und die oberste Abteilung des Perms durchteuft. Darunter folgt ein 38,5 m mächtiges, rot- bis dunkelbraunes Porphyrkonglomerat, dessen wenig gerundete Gerölle Durchmesser bis 30 mm aufweisen. Die Gerölle bestehen überwiegend aus Quarzporphyr, untergeordnet aus Quarz, Quarzit und Feldspäten. Sie werden durch ein karbonatisch-limonitisches Bindemittel miteinander verkittet. Von 2697,0—2927,0 m setzt dann das Rotliegenderuptiv mit Quarzporphyr ein. Bis zur Endteufe von 3200,0 m folgt Porphyr, der im Teufenbereich von 3140,0—3173,8 m von Tuff verschiedenster Färbung (dunkelbraungrau, lilagrau, violettgrau, braunoliv) unterbrochen wird. Die Bohrung durchteufte die Eruptivserie nicht.

Die erbohrten klastischen Rotliegend-Gesteine dürften, solange sie nicht durch paläontologische, petrographische und geochemische Beweise widerlegt worden sind, dem Oberrotliegenden zugerechnet werden, während die magmatischen Gesteine dem Unterrotliegenden angehören dürften. Ob diese stratigraphische Einordnung für einzelne Bohrungen richtig ist, wird sich bei der genaueren Untersuchung der den Eruptiva eingeschalteten Zwischensedimente (wie bei der Bohrung Greifswald 1) zeigen.

Die erbohrten Mächtigkeiten, besonders der Eruptivfolge, übersteigen bei weitem die Vorstellungen, die man von den Mächtigkeiten der Gesteine im Norden der Republik erwartet hatte. Die Ausbildung der erbohrten klastischen Sedimente des Rotliegenden besitzt makroskopisch weitgehende Ähnlichkeit mit den zu Tage tretenden „klassischen" Rotliegendgesteinen im Thüringer Raum und in den Rotliegendbecken des Harzes. Eine Erdöl- oder Erdgasführung konnte in den erbohrten Sedimentgesteinen des Perms 1 bisher noch nicht festgestellt werden, so daß nach dem derzeitigen Kenntnisstand gesagt werden kann, daß größere Gebiete der DDR für die Suche nach Erdöl und Erdgas im Rotliegenden ausscheiden. Es kann nur dort mit einer Höffigkeit gerechnet werden, wo eine Migration von Kohlenwasserstoffen aus dem Zechstein oder aus den präpermischen Ablagerungen erfolgt ist. Die Anreicherung kann dort ebenso hoch sein wie in den holländischen Vorkommen von Slochteren und Delfzijl. Eine Erkundung des mittleren Teils des Norddeutschen Beckens kann erst durch übertiefe Bohrungen erfolgen, da die Rotliegendgesteine in größeren Teufen als 4500 m erwartet werden.

Über die regionalen Zusammenhänge der Verbreitung von Gesteinen des Rotliegenden im Norddeutschen Becken und der angrenzenden Gebiete ist zu einem späteren Zeitpunkt zu berichten.

Zusammenfassung

Es wurde über zahlreiche neue Aufschlüsse des Rotliegenden (mit Teufen- und Mächtigkeitsangaben) im norddeutschen Flachland berichtet. Besondere Aufmerksamkeit verdienen die Bohrergebnisse im Norden der DDR, die teilweise unter konglomeratisch ausgebildeten Gesteinen des Oberrotliegenden gleich tiefere Systeme erbohrt haben.

Die im Süden der Insel Rügen und im nördlichen Vorpommern stehenden Bohrungen durchteuften bzw. fuhren Unterrotliegendes (magmatische Gesteine) an. Aus dem mittleren Bereich des Norddeutschen Beckens liegen noch keine Aufschlüsse vor, es ist aber anzunehmen, daß in Teufen über 4500 m Oberrotliegendes mit klastischen Sedimenten anzutreffen ist.

Die am südlichen Beckenrand stehenden Bohrungen durchteuften weitgehend das Ober- und Unterrotliegende, um unter Ausfall der paläozoischen Sedimente gleich metamorphe oder kristalline Gesteine zu erbohren. Die nordwestlich und westlich der Sudeten niedergebrachten Bohrungen fuhren wiederum Oberrotliegendes über Kristallin an.

Eine wirtschaftliche Erdöl- oder Erdgasführung konnte in den Bohrungen und am gewonnenen Kernmaterial nicht beobachtet werden.

Резюме

Сообщается о многочисленных новых пунктах вскрытия красного лежня (с указанием глубины и мощности) в Северогерманской низменности. Особого внимания заслуживают результаты буровых работ на севере ГДР, которые частично под конгломератовыми породами верхнего красного лежня сразу выявили более древние системы.

Скважины на юге острова Рюген и в северной области Померании проходили или вскрыли нижний красный лежень (магматические породы). Пункты вскрытия из средней части Северогерманского бассейна не известны, но можно предполагать, что в глубинах свыше 4500 м встречаются обломочные отложения верхнего красного лежня.

Расположенные на южной окраине бассейна скважины проходили большей частью верхний и нижний красный лежень и вскрыли сейчас же, — минуя палеозойские отложения, — метаморфические или кристаллические породы. Скважины, пробуренные северозападнее и западнее Судет, также выявили верхний красный лежень над кристаллическими породами.

Нефтегазоносность в скважинах и на полученном керновом материале не наблюдалась.

Summary

An account is given of numerous new exposures of the New Red Sandstone (with depth and thickness data) in the North German plain. Drilling results obtained in the north of the G. D. R., where deeper systems were directly found by drilling partly below conglomeratic rocks of the Upper New Red Sandstone, are particularly worthy of consideration.

Lower New Red Sandstone (magmatic rocks) was met and discovered by drilling in the south of the isle of Rugen and in the Northern Hither Pomerania. Exposures are unknown from the central area of the North German basin, but it is supposed that Upper New Red Sandstone with clastic sediments will be found in depths covering more than 4,500 metres.

By extensively drilling the southern margin of the basin Upper and Lower New Red Sandstone were met, and with omission of Palaeozoic sediments metamorphic or crystalline rocks were directly found by drilling. By drillings sunk northwest and west of the Sudetic Mountains again Upper New Red Sandstone was found above crystalline.

Petroleum or natural gas bearing could not be observed in the boreholes or core material recovered.

Literatur

DABER, R.: Paläobotanische Hinweise auf eine paralisch beeinflußte Oberkarbonsenke im tieferen Untergrund Norddeutschlands. — Geologie, 12, 6, 683—699, Berlin 1963.

DAHLGRÜN, F., & O. SEITZ: Die Bohrung Łeba in Polen (vorläufige Mitteilung). — Geol. Jb., 63, 82—94, Berlin 1944.

FABIAN, H. J.: Die Bohrung Northeim. — N. Jb. f. Geol. u. Paläont., Abh., 105, 113—122, Suttgart 1957.

FABIAN, H. J., H. GAERTNER & G. MÜLLER: Oberkarbon und Perm der Bohrung Oberlanger-Tenge Z 1 im Emsland. — Fortschr. Geol. Rheinld. u. Westf., 3, 1075—1096, Krefeld 1962.

FABIAN, H. J., & H. SCHMIDT: Paralisches Oberkarbon in der Bohrung Lieme 1. — Geol. Jb., 68, 169—178, Hannover 1953.

KNAPE, H.: Tektonischer Bau und Strukturgenese im nordwestlichen Vorland des Flechtinger Höhenzuges. — Geologie, 12, 5, 509—536, Berlin 1963.

KÖLBEL, H.: Der Grundgebirgsbau Nordostdeutschlands im Gesamtrahmen der benachbarten Gebiete. — Geologie, 12, 6, 674—682, Berlin 1963.

KRASSOWSKA, A.: Die Basisbohrung Magnuszew. — Z. angew. Geol., 8, 3,155—156, Berlin 1962.

KÜHNE, F.: Erdölexploration des Jahres 1957 in Westdeutschland. — Erdöl u. Kohle, 11, 217—231, Hamburg 1958.

LARSEN, G., & A. BUCH: Dybdeboringen Slagelse. — Medd. fra Dansk Geol. Forening, 7, 1, 281, København 1960.

LENDZION, K.: Bericht über die Basisbohrung Zebrak IG I. — Z. angew. Geol., 7, 11, 575—576, Berlin 1961.

PHILIPP, W.: Zechstein und Buntsandstein in Tiefbohrungen zwischen Harz und Lüneburger Heide. — Geol. Jb., 77, 711—740, Hannover 1960.

SCHREIBER, A.: Das Rotliegende des Flechtinger Höhenzuges. — Freiberger Forsch.-H., C 82, Berlin 1960.

SORGENFREI, TH.: Perm-systemet i det sydlige Danmark. — Medd. fra Dansk Geol. Forening, 13, 4, 263—264, København 1957.

TRUSHEIM, F.: Ergebnisse der Tiefbohrung Groothusen Z 1 bei Emden (Ostfriesland). — Erdöl-Z., 7, 273—278, Wien—Hamburg 1959.

TYSKI, S.: Die Ergebnisse der Basisbohrung Paslek IG I. — Z. angew. Geol., 7, 12, 651—652, Berlin 1961.

AKSIN, V., & R. FILJAK

Untersuchungen auf Erdöl und Erdgas in der FSR Jugoslawien[1]

Referiert von HANS HAVEMANN, Berlin

Die Produktion von Erdöl und Erdgas in der FSR Jugoslawien ist seit dem Krieg in einer allmählich immer steiler werdenden Kurve angestiegen. Entsprechend der industriellen Gesamtentwicklung des Landes ist dies in erster Linie auf den Einsatz großer Mittel für die erdölgeologische Erkundung zurückzuführen, die zu großen Erfolgen und zu einem raschen Aufbau von Produktionsstätten führte. Die Verf. geben einen Überblick über diese Entwicklung.

Während vor dem Krieg nur etwa 1000 t jährlich gefördert wurden (es gab keine Tiefbohrungen und keine volkseigenen Betriebe), stieg die Jahresproduktion 1961 auf 1341000 t. Jugoslawien gehört damit heute zu den be-

[1]) Aus: „Nafta", Nr. 4 (1963), S. 117—123. Übers.: Intertext

deutenden Erdölproduzenten Europas. Die Gründung eigener Organisationen statt der ehemals ausländisch-kapitalistischen und die Heranbildung erdölgeologischer Fachkader erforderten nach dem Krieg eine Anlaufzeit bis etwa 1950. Dann setzte die systematische Erforschung der potentiell erdölhöffigen Gebiete mit geophysikalischen Methoden und nachfolgenden Suchbohrungen ein. Zwischen 1956 und 1959 wurden 9 Erdöllagerstätten, unter ihnen die größten, Stružec und Kikinda, und 7 Erdgaslagerstätten entdeckt.

Im ganzen wurden mehr als 1100 Such-, Erkundungs- und Produktionsbohrungen niedergebracht.

Erdölgebiete befinden sich in Jugoslawien 1. in dem zum Land gehörenden Teil des Pannonischen Beckens, 2. in der Außenzone der Dinariden, 3. in einzelnen kleinen Tertiärbecken, 4. in der Get-Depression. Das Pannonische Becken mit seinen 4500 bis 5500 m mächtigen neogenen Sedimenten über einer Basis von kristallinen Schiefern, magmatischen Gesteinen und Sedimenten des Paläozoikums und des Mesozoikums teilt sich in seinem jugoslawischen Teil in mehrere Sonderdepressionen, vor allem die der Sawe, der Drave und des Banat, die die mächtigsten Sedimentserien enthalten. In ihnen befinden sich 99% der jugoslawischen Erdölvorräte. Außerdem gibt es eine Reihe von kleineren Depressionen, so die Mur-Depression (davon der größere Teil in Ungarn), die Morawa-Depression, die Bačka, den Srem und solche in Slowenien und Nordbosnien. In diesen Gebieten sind Sucharbeiten im Gange.

Die Außenzone der Dinariden längs der Adriaküste mit 5000—6000 m, stellenweise bis 14000 m mächtigen Sedimenten teilt sich in den Küstengürtel, den Zentralgürtel und den inneren Gürtel. Kalksteine und Dolomite sowie klastische Gesteine des Paläozoikums und des Mesozoikums bilden die Sedimente. Neben meist wenig porösen Gesteinen finden sich auch kavernöse. Die dinaridische Tektonik ist sehr kompliziert, entsprechend auch die Bedingungen für die Bildung von Fallen. Hier sind in den letzten Jahren intensive Untersuchungen über die regionalen geologisch-tektonischen Verhältnisse betrieben worden. Der Artikel gibt unter Beifügung von Profilen mehrere Beispiele von Fallen. Das Vorhandensein von Asphalt- und Bitumenausbissen in der gesamten Außenzone der Dinariden war schon seit langem bekannt. Die nunmehr erforderlichen bzw. fortzusetzenden Bohrungen müssen zum Teil in Teufen bis über 4000 m niedergebracht werden. Das bisher tiefste Bohrloch Jugoslawiens mit 4535 m befindet sich in diesem Gebiet.

Von sehr unterschiedlicher erdölgeologischer Bedeutung und im ganzen wenig aussichtsreich sind dagegen die über Jugoslawien verstreuten kleinen isolierten Tertiärbecken (Krsko Polje, Hrvatsko Zagorje, Tuzla, Zenica-Sarajewo, Čačak-Kroljevac, Skoplje u. a.). Von dem als produktiv bekannten Get-Becken, zu dem ein Abschnitt der Donauniederung und das Gebiet am Timok gehören, befindet sich nur ein ganz kleiner Teil in Jugoslawien. Auch die paläozoischen und mesozoischen Sedimente unter der Tertiärbedeckung des Pannonischen Beckens sollen von Interesse sein. Die Untersuchungen sind hier aber noch im Anfangsstadium.

Zu den größten Erdöllagerstätten Europas gehören die in den letzten Jahren entdeckten Strukturen Stružec, Kikinda, Kloštar und Elemir. Von den Lagern des westlichen Pannonischen Beckens wurden die meisten im unteren Pont und Pannon, einige auch im oberen Pont gefunden, die des östlichen Beckenteils dagegen im Sarmat und Torton. Kikinda im östlichen Teil fördert jedoch aus Pont und Pannon. Die Speicherhorizonte des Pliozäns sind meist ziemlich regelmäßig verteilt, während die des Miozäns in Verteilung und Fazies mannigfaltiger sind. Die meisten Lagerstätten im Pannonischen Becken sind tektonisch entstanden, aber auch stratigraphische und kombiniert-stratigraphisch-tektonische Strukturen sind vorhanden. Ausgesprochen tektonisch bedingte Strukturen sind Mramor Brdo, Gojlo, Dugo Selo, Lipovljani, Nova Gradiska. Typische "burried hill"-Strukturen sind Jermenovci, Lokve, Elemir, Boka, Šumećani, Bunjani, Kloštar. Durch Verwerfungen entstanden sind u. a. Stružec, Petišovci, Kikinda. Bei mehreren der größten Felder hat die Förderung noch nicht oder erst 1963 begonnen (Stružec, Kikinda, Elemir, Lipovljani, Ferdinandovac). Die Förderung aus den Erdgaslagerstätten wird erst nach Verlegung zusätzlicher Pipelines und einer genügenden Entwicklung der Verarbeitungsindustrie voll in Betrieb kommen. Trotzdem sind in Jugoslawien bis jetzt neben insgesamt 5 Mill. t Erdöl auch bereits 1 Mrd. m^3 Erdgas gefördert worden.

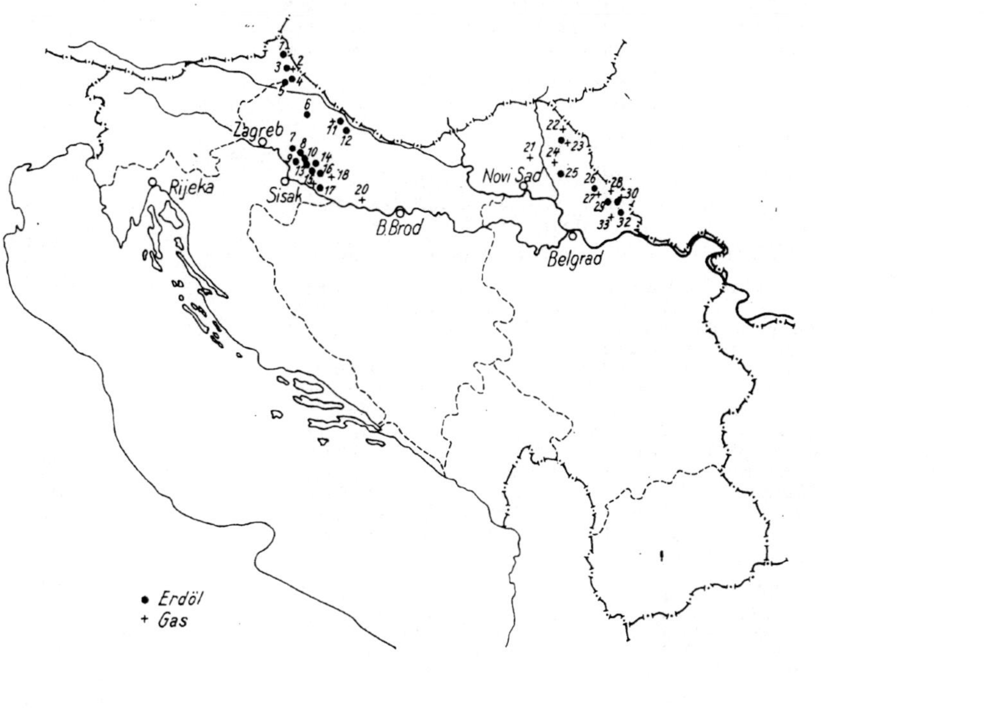

Abb. Erdöl- und Erdgaslagerstätten in Jugoslawien

1 — Filovci, 2 — Dolina, 3 — Petišovci, 4 — Peklenica, 5 — Selnica, 6 — Jagnjedovac, 7 — Dugo Selo, 8 — Kloštar, 9 — Stružec, 10 — Šumečani, 11 — Ferdinandovac, 12 — Pitomača, 13 — Bunjani, 14 — Mramor Brdo, 15 — Volder, 16 — Gojlo, 17 — Lipovljani, 18 — Janja Lipa, 19 — Cabuna, 20 — Nova Gradiška, 21 — Bečej, 22 — Mokrin, 23 — Kikinda, 24 — Melenci, 25 — Elemir, 26 — Boka, 27 — Konak, 28 — Velika Greda, 29 — Janošik, 30 — Plandište, 31 — Jermenovci, 32 — Lokve, 33 — Albuniar

Zeitschrift für angewandte Geologie, Bd. 10 (1964), Heft 5

Über das Vorkommen natriumhydrogenkarbonathaltiger Wässer in Thüringen[1]

GÜNTER HECHT, Jena

(Mitteilung aus dem VEB Geologische Erkundung West, Betr.-Abt. Jena)

1. Einleitung

Durch die Analysenergebnisse von Schöpfproben aus der Wasserplansuchbohrung Pölzig 2/1963 (Mbl. Kayna 5039) wurde Verf. auf das Vorkommen $NaHCO_3$-haltiger Wässer in Thüringen aufmerksam. Auf Grund der Arbeiten von F. SCHWILLE (1953, 1956) war die Frage zu stellen, inwieweit solche Wässer auch in Thüringen verbreitet sind. Bei Durchsicht[2] der beim VEB Geologische Erkundung West, Betriebsabteilung Jena, vorhandenen Wasseranalysen wurde besonders für das Thüringer Becken, entgegen der Ansicht von A. SPLITTGERBER (1954), eine nicht geringe Anzahl von Vorkommen $NaHCO_3$-haltiger Wässer gefunden.

2. Natriumhydrogenkarbonathaltige Wässer

Es handelt sich um Wässer, deren Karbonathärte (KH) scheinbar größer ist als die Gesamthärte (GH); anders ausgedrückt: In diesen Wässern sind mehr HCO_3^--Ionen vorhanden, als Erdalkalien äquivalent sind. Dieses „überschüssige" HCO_3^- ist an Alkalien, vorwiegend an Natrium, gebunden. „Die Errechnung des Natriumbikarbonatgehalts erfolgt (nach KLUT & OLSZEWSKI 1945) dann so, daß für jeden Grad der ermittelten Karbonathärte, die über der Gesamthärte liegt, 30 mg/l Natriumbikarbonat angenommen werden."

Die ausgewerteten Analysen lagen im wesentlichen als technische Analysen vor. Meist waren es nur Kurzanalysen (Bestimmung der GH und der KH sowie des Cl^--Gehalts, evtl. noch des pH-Werts), die zur chemischen Überwachung beim Niederbringen der Bohrungen angefertigt wurden, so daß die sonst erforderliche Darstellung der technischen Analysen in der für Mineralwässer üblichen Form nicht möglich war.

3. Vorkommen in Thüringen

Die bisher in Thüringen bekannt gewordenen Vorkommen sind in Tab. 1 (s. auch Abb. 1) zusammengefaßt.

Nachfolgend noch einige Bemerkungen zu Tabelle 1:

1. Bhg. Katharinenberg 2/1960 (Mbl. Treffurt 4827): 0—0,5 m Holozän, 0,5—45,5 m Unterer Keuper (n. DIETEL). Zu Beginn des Pumpversuchs artesisch mit 0,5 m³/h (14. 12. 1960). pH-Wert bei 20 m Teufe 9,0.

2. Bhg. Aschara 1958 (Mbl. Gräfentonna 4929): 0—4 m Holozän, 4—8 m Unterer Keuper, 8—59,5 m Oberer Muschelkalk (Ceratitenschichten), 59,5—65 m Oberer Muschelkalk (Trochitenkalk), 65—74 m Mittlerer Muschelkalk (n. NENNSTIEL). pH-Wert der Schöpfproben zwischen 7,5 und 8,4.

3. Bhg. Ebeleben 1956 (Mbl. Ebeleben 4630): 0—0,5 m Holozän, 0,5—9,5 m Pleistozän, 9,5—56,3 m Unterer Keuper, 56,3—80,2 m Oberer Muschelkalk (Ceratitenschichten) (n. NENNSTIEL). 750 m NE davon entfernt befindet sich die versalzene Wasserbohrung am Bahnhof Ebeleben.

4. Bhg. Allmenhausen 1961 (Mbl. Ebeleben 4730): 0—5 m Holozän, 5—30 m Unterer Keuper, 30—64 m Oberer Muschelkalk (Ceratitenschichten) (n. NENNSTIEL). $NaHCO_3$-Gehalt nur bei einer Schöpfprobe; schwach artesisch.

5. Bhg. Freienbessingen 1960 (Mbl. Ebeleben 4730): 0—2 m Holozän, 2—13 m Unterer Keuper, 13—58 m Oberer Muschelkalk (Ceratitenschichten), 58—60 m Oberer Muschelkalk (Trochitenkalk) (n. NENNSTIEL & DIETEL).

6. Bhg. Griefstedt (LPG) 1959 (Mbl. Weißensee 4732): Ansatz: Unterer Keuper. Eingestellt wahrscheinlich im Oberen Muschelkalk.

7. Bhg. Buttstädt 1960 (Mbl. Buttstädt 4834): 0—0,65 m Holozän, 0,65—59 m Unterer Keuper, 59—75 m Oberer Muschelkalk (Ceratitenschichten) (n. LEHMANN). Beim Vorpumpversuch (75 m Bohrteufe) Anstieg des Cl^--Gehalts, deshalb bis 70 m zurückverfüllt.

8. Bhg. Leutenthal 1963 (Mbl. Buttelstedt 4934): 0—4 m Holozän und Pleistozän, 4—28 m Unterer Keuper, 28—65 m Oberer Muschelkalk (Ceratitenschichten) (n. NENNSTIEL). Wegen der zu geringen Ergiebigkeit und des hohen Cl^--Gehaltes erfolgte kein Ausbau.

9. Bhg. Daasdorf 1963 (Mbl. Buttelstedt 4934): 0—5 m Holozän, 5—57 m Unterer Keuper, 57—65 m Oberer Muschelkalk (Ceratitenschichten) (n. NENNSTIEL). pH-Wert bei 65 m (Endteufe) 8,3, während des Pumpversuchs zwischen 7,8 und 8,1.

10. Bhg. Ermstedt 1963 (Mbl. Neudietendorf 5031): 0—7 m Holozän und Pleistozän, 7—43 m Unterer Keuper, 43—75 m Oberer Muschelkalk (n. NENNSTIEL & RIEDEL).

11. Bhg. Nottleben 1963 (Mbl. Neudietendorf 5031): 0—4 m Holozän und Pleistozän, 4—30 m Unterer Keuper, 30—70 m Oberer Muschelkalk (Ceratitenschichten), 70—75 m Oberer Muschelkalk (Trochitenkalk) (n. NENNSTIEL & RIEDEL).

12. Bhg. Bad Salzungen (Likörfabrik Eichhorn) 1937 (Mbl. Bad Salzungen 5127): 0—2,5 m Holozän, 2,5—7,5 m Pleistozän, 7,5—40 m Unterer Buntsandstein (sehr tonstein-

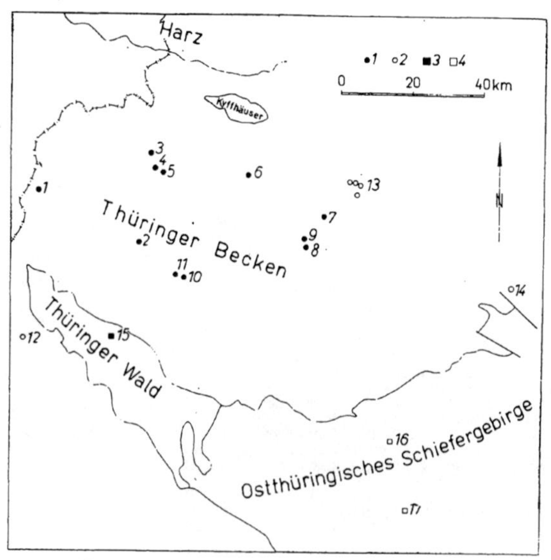

Abb. 1. Übersichtskarte zu den Vorkommen von $NaHCO_3$-haltigen Wässern in Thüringen

1 — im Unteren Keuper—Muschelkalk, 2 — im Buntsandstein, 3 — im Rotliegenden, 4 — im Unterkarbon und Granit

[1]) Eingang des Manuskripts in der Redaktion: 10. 12. 1963

[2]) Verf. dankt besonders Herrn Dr. K. NENNSTIEL, Jena, für zahlreiche Hinweise.

Tabelle 1. Zusammenstellung der alkalibikarbonathaltigen Wässer in Thüringen

Nr.*)	Bohrung mit Bohrjahr und -teufe	Geologische Situation	Analysen der Schöpfproben			Analysen der Pumpversuche		
			Teufenbereich (m)	Max. $NaHCO_3$-Gehalt (mg/l)	Cl^--Gehalt (mg/l)	Spez. Ergiebigkeit l/m · s	Max. $NaHCO_3$-Gehalt (mg/l)	Cl^--Gehalt (mg/l)
1.	Katharinenberg 2/1960 Teufe: 45,5 m	Unterer Keuper (ku 1)	bei 20	36,1	< 20	0,059	25	< 10
2.	Aschara 1958 Teufe: 74 m	Unterer Keuper, Oberer u. Mittlerer Muschelkalk	30–74	444 (Zunahme mit fortschreitender Bohrteufe)	< 40	Vorpumpversuch: 0,05 Pumpversuch nach Ausbau: 0,26	Zu Beginn: 612, danach Zunahme der NKH Zunahme der NKH	< 60 bis 50
3.	Ebeleben 1956 Teufe: 80,2 m	Unterer Keuper, Oberer Muschelkalk (mo 2)	(keine kontinuierliche Probenahme)			0,658	120 Während des Pumpversuches abnehmend	< 30
4.	Allmenhausen 1961 Teufe: 64 m	Unterer Keuper, Oberer Muschelkalk (mo 2)	bei 57	465	< 50	0,57	–	< 35
5.	Freienbessingen 1960 Teufe: 60 m	Unterer Keuper, Oberer Muschelkalk (mo 2, mo 1)	50–55 (keine kontinuierliche Probenahme)	227	< 45	0,036	–	< 35
6.	Griefstedt 1959 Teufe: 60 m	Unterer Keuper, ? Oberer Muschelkalk	19,8–60	237	304	Schöpfversuch bei 40 m: 0,114 Pumpversuch bei 60 m: 5 m³/h	Zu Beginn: 237, danach Zunahme der NKH	900 861 –
7.	Buttstädt 1960 Teufe: 75 m	Unterer Keuper (ku 2, ku 1), Oberer Muschelkalk (mo 2)	bei 50	114	< 20	Pumpversuch bei 70 m: 0,028 Pumpversuch bei 75 m bzw. n. Rückverfüllung auf 70 m: 0,044 Pumpversuch nach Ausbau bis 70 m: 0,018	169,2 140,4 ?	< 50 100 195
8.	Leuthenthal 1963 Teufe: 65 m	Unterer Keuper, Oberer Muschelkalk (mo 2)	ab 30	559,8 ständige Zunahme mit fortschreitender Bohrteufe	248 ständige Zunahme mit fortschreitender Bohrteufe	Pumpversuch bei 61 m: 0,094 Pumpversuch bei 65 m: 0,036	539,1 453 Während des Pumpversuchs abnehmend	258 227
9.	Daasdorf 1963 Teufe: 65 m	Unterer Keuper, Oberer Muschelkalk (mo 2)	ab 25	900	< 35	Vorpumpversuch: 0,15 Pumpversuch: 0,03	879 219–705	16 21
10.	Ermstedt 1963 Teufe: 75 m	Unterer Keuper, Oberer Muschelkalk	55–60	429	60	Vorpumpversuch: Pumpversuch nach Ausbau: 0,84	72 12	30 22
11.	Nottleben 1963 Teufe: 75 m	Unterer Keuper, Oberer Muschelkalk (mo 2, mo 1)	10–65	831,1	21	Vorpumpversuch: Pumpversuch nach Ausbau: 0,49	594,9 408	9 8
12.	Bad Salzungen 1937 Teufe: 40 m	Unterer Buntsandstein	–	–	–	0,1	60	92
13.	Finnebohrungen	Mittlerer und Unterer Buntsandstein	zahlreiche Hinweise auf Alkalibikarbonatgehalt					
	Bhg. Finne 10		bei 44	21	< 10	–	–	–
	Bhg. Finne 18		bei 30	45	12	–	–	–
	Bhg. Finne 20		bei 97/98	15	< 10	–	–	–
	Bhg. Finne 17		–	–	–	0,62	30	< 10
14.	Pölzig 2/1962 Teufe: 173 m	Unterer Buntsandstein, Zechstein	60–110,6	45	< 20	Zwischenpumpversuch bei 130,1 m: 0,64	–	< 20 (82,6)

Tabelle 1 (Fortsetzung)

Nr.*)	Bohrung mit Bohrjahr und -teufe	Geologische Situation	Analysen der Schöpfproben			Analysen der Pumpversuche		
			Teufenbereich (m)	Max. $NaHCO_3$-Gehalt (mg/l)	Cl^--Gehalt (mg/l)	Spez. Ergiebigkeit l/m · s	Max. $NaHCO_3$-Gehalt (mg/l)	Cl^--Gehalt (mg/l)
15.	Finsterbergen 1962 Teufe: 510 m	Rotliegendes	–	–	–	artesisch mit 3,05 l/s	12	< 5
16.	Crispendorf Teufe: ? m	Kulm	–	–	–	?	Hinweis auf Alkalibikarbonat	< 10
17.	Sparnberg 1/1957 Teufe: 558,8 m	Kulm, Granit	–	–	–	artesisch mit 0,8 l/s	162	677

*) Zahlenangaben vergleiche Übersichtskarte (Abb. 1)

reich) (n. MARTINI). Analyse vom 30. 10. 1937: Abdampfrückstand 1814 mg/l, Glührückstand 1764 mg/l.

13. Finnebohrungen (Mbl. Nebra 4735 und Mbl. Eckartsberga 4835):

Bhg. 10/1958: Zwischen Kalbitz und Schimmel, Teufe 149 m. 0—2 m Holozän und ? Pleistozän, 2—149 m Mittlerer Buntsandstein (2—5 m Chirotheriensandstein, 5—78 m Bausandstein, 78—119 m Rothensteiner Schichten, 119—149 m Gervilleienschichten) (n. PUFF).

Bhg. 17/1960: Im Saubach an der Krämer-Mühle, Teufe 160 m. 0—2,5 m Holozän, 2,5—160 m Buntsandstein (Sandstein-Bindemittel, z. T. kaolinisch)(n. DIETEL).

Bhg. 18/1958: Östlich Saubach, Teufe 158 m, 0—18 m Holozän, 18—118 m Mittlerer Buntsandstein, 118—158 m Unterer Buntsandstein (n. DOCKTER).

Bhg. 20/1958: Westlich Ortsausgang von Bad Bibra, Teufe 149 m. 0—0,6 m Holozän, 0,6—149 m Buntsandstein (n. PUFF).

14. Bhg. Pölzig 2/1962 (Mbl. Kayna 5039): 0—0,4 m Holozän, 0,4—0,8 m Pleistozän, 0,8—13 m Obere Sandsteinfolge 13—89,6 m Sandige Tonsteinfolge und Untere Sandsteinfolge, 89,6—125,9 m Sandstein-Tonstein-Wechselfolge und Bröckelschiefer, 125,9—173 m Zechstein (z 4 Tr bis z 2 Tr).

15. Bhg. Finsterbergen 1962 (Mbl. Waltershausen — Friedrichroda 5129): 0—112,2 m Schieferton, 112,2—129,5 m Wechsellagerung von Arkosen und Schiefertonen, 129,5 bis 155,8 m Arkosen, 155,8—185,7 m Mesodiabas, 185,7—197,8 m Arkosen, 197,8—510 m Wechsel von Quarzporphyr und Mesodiabas (n. ENDERLEIN). Artesisch bei 153—154 m Bohrteufe.

16. Bhg. Pionierlager Crispendorf (Mbl. Schleiz 5436): Tonschiefer-Grauwacken-Wechsellagerung. pH-Wert 8,1, Cl^--Gehalt 7,8, NO_3^--Spuren, NO_2^-0, PO_4^{---}0, $KMnO_4$-Verbr. 10,4, NH_4 0,2 mg/l.

17. Bhg. Sparnberg 1/1957 (Mbl. Hirschberg 5536): 0—3 m Holozän, 3—325,45 m Kulm, 325,45—325,70 m Kontaktgrenze Hornfels/Granit, 325,70—558,80 m Granit (n. MEINEL). Artesisch bei 326 m Bohrteufe (1 l/s), bei 449,5 m Überlauf 2 l/s. Bei Endteufe 0,8 l/s Überlauf.

Auszug aus der großen Mineralwasseranalyse (Analytiker: MITTENZWEY). Temperatur 18,8 °C. pH-Wert 7,44, Na^+ 533,6, Ca^{++} 52,2, Mg^{++} 3,8, Cl^- 677,0, SO_4^{--} 122,6, NO_3^- 1,3, HCO_3^- 294,7 mg/kg. Freies gelöstes Kohlendioxyd 35,2 mg/kg.

Bei Betrachtung der Tab. 1 fällt auf, daß die Mehrzahl der Analysen mit einem $NaHCO_3$-Gehalt von Schöpfproben stammen, die auf Grund der systematischen chemischen Überwachung (insbesondere wegen Versalzungsgefahr) beim Abteufen der Bohrungen jeweils von der Bohrlochsohle entnommen wurden. Bei den anschließenden Pumpversuchen ist dann meist eine Abnahme des Alkalibikarbonatgehalts festzustellen, bzw. herrscht bereits der Typ des Erdalkalibikarbonatwassers vor.

Die überwiegende Mehrzahl der angeführten Bohrungen steht im Unteren Keuper und Oberen Muschelkalk. Danach folgen die Bohrungen im Buntsandstein (insbesondere im Unteren Buntsandstein), während aus dem Thüringischen Schiefergebirge zwei Bohrungen und aus dem Rotliegenden des Thüringer Waldes nur eine Bohrung mit $NaHCO_3$-haltigen Wässern bekannt geworden sind.

Nicht ohne Bedeutung scheint dabei der unterschiedliche Gehalt an HCO_3^- und Cl^- in Beziehung zur geologischen Situation zu sein. Der Gehalt an HCO_3^- liegt bei den Bohrungen im Unteren Keuper/Oberen Muschelkalk zwischen 6,4—12,2 mval/l (meist zwischen 7,5—12 mval/l), bei den Buntsandsteinbohrungen zwischen 3,8—7,9 mval/l und bei den Bohrungen im Schiefergebirge und Rotliegenden unter 4,8 mval/l.

Demgegenüber ist der Cl^--Gehalt recht unterschiedlich. Er schwankt zwischen 0,04—25,3 mval/l. Bei einigen Bohrungen läßt sich eine geogene Herkunft des Cl^--Gehalts nachweisen, z. B. Griefstedt, Buttstädt, Leutenthal (Auslaugung des mm-Salzes), Bad Salzungen (Auslaugung des Zechsteinsalzes), Sparnberg 1 (Zersetzung von Silikaten durch kohlensäurehaltige Wässer).

4. Über die Entstehung natriumhydrogenkarbonathaltiger Wässer

Das Auftreten der $NaHCO_3$-haltigen Wässer in Thüringen deckt sich mit den Anschauungen von F. SCHWILLE (1953, 1956), der die Entstehung dieser Wässer im wesentlichen auf Ionenaustausch zurückführt.

Eine Ausnahme scheint in dieser Hinsicht lediglich das Wasser der Bhg. Sparnberg 1 zu bilden, dessen Entstehung durch Lateralsekretion (DIETRICH & KAMINER 1916) erklärt werden kann. In diesem Zusammenhang sei auf die Arbeit von R. GRÄBE (1961) verwiesen, wonach extrem hohe CO_2-Gehalte im Grundwasser des Ostthüringischen Schiefergebirges durchaus endogenen Ursprungs sein können. Der relativ hohe Cl^--Gehalt als Folge der Einwirkung kohlensäurehaltiger Wässer auf Silikate ist somit denkbar. Die Herkunft des Cl durch HCl-Exhalationen, wie es H. SCHÜTZEL & G. HÖSEL (1962) für den Cl^--Gehalt des Mineralwassers einer Tiefbohrung auf dem Meßtischblatt Plauen-Süd annahmen, oder durch Solewanderung zu erklären, ist nicht erforderlich.

Die geologischen Bedingungen sind in Thüringen für die Entstehung dieser Wässer durch Ionenaustausch sehr günstig (s. u.). So dürfte sich auch die Zahl der Vorkommen bei der zunehmenden Bohrtätigkeit noch beträchtlich erhöhen, zumal diesem Grundwassertyp bislang keine Beachtung geschenkt wurde.

Nach F. SCHWILLE (1953) sind es folgende Mineralien, die eine Austauschfähigkeit besitzen: Tonmineralien (besonders die der Montmorillonit-, weniger die der Kaolinitgruppe), weiterhin Glimmer, Feldspäte, tonerdehaltige Augite und Hornblenden. Des weiteren werden von F. SCHWILLE (1956), bezogen auf die Zeit der Ionenbelegung, zwei Gesteinstypen unterschieden: Bei dem einen erfolgte diese gleichzeitig mit der Sedimentation, bei dem anderen durch eine nachträgliche Aktivierung bzw. Regeneration.

Die in Abschnitt 3 angeführten Vorkommen rechtfertigen danach die Annahme, daß auch in Thüringen genügend Gesteine mit austauschfähigen Mineralien vorhanden sind, so z. B. in den Mergeln und Mergeltonen des Unteren Keupers, in der Wechsellagerung von Kalken und Tonmergeln im Oberen Muschelkalk, in den Tonsteinen und Sandsteinen des Buntsandsteins, in den Rotliegendgesteinen (Arkosen) und in den Grauwacken des Schiefergebirges. Eine Zusammenstellung über die mineralogische Zusammensetzung der Tone Thüringens findet sich bei G. SEIDEL (1961).

Auch eine Aktivierung bzw. Regeneration der austauschfähigen Mineralien durch NaCl-haltige Wässer ist, bedingt durch die Auslaugung des Steinsalzes der Salinarzyklen des Zechsteins, des Buntsandsteins sowie des Muschelkalks und dem damit verbundenen Aufstieg versalzener Wässer (s. Abschnitt 3), nicht selten gegeben, so daß die für den Ionenaustausch von F. SCHWILLE (1956) angegebenen Gleichungen erfüllt sind:

$$Na_2A + \frac{Ca}{Mg}(HCO_3) \rightleftarrows 2\,Na\,(HCO_3) + \frac{Ca}{Mg}A$$

$$\frac{Ca}{Mg}A + 2\,NaCl \rightleftarrows Na_2A + \frac{Ca}{Mg}Cl_2$$

(A = Austauschmasse)

Ebenso läßt sich an nicht wenigen Beispielen die bereits von F. SCHWILLE (1956) erwähnte vertikale Gliederung in drei Stockwerke mit den nachfolgenden Grundwassertypen erkennen:

Oberes Stockwerk:	Erdalkalihydrogenkarbonatwässer (KH < GH)
Mittleres Stockwerk:	Alkalihydrogenkarbonatwässer (KH > GH)
Unteres Stockwerk:	Kochsalzwässer

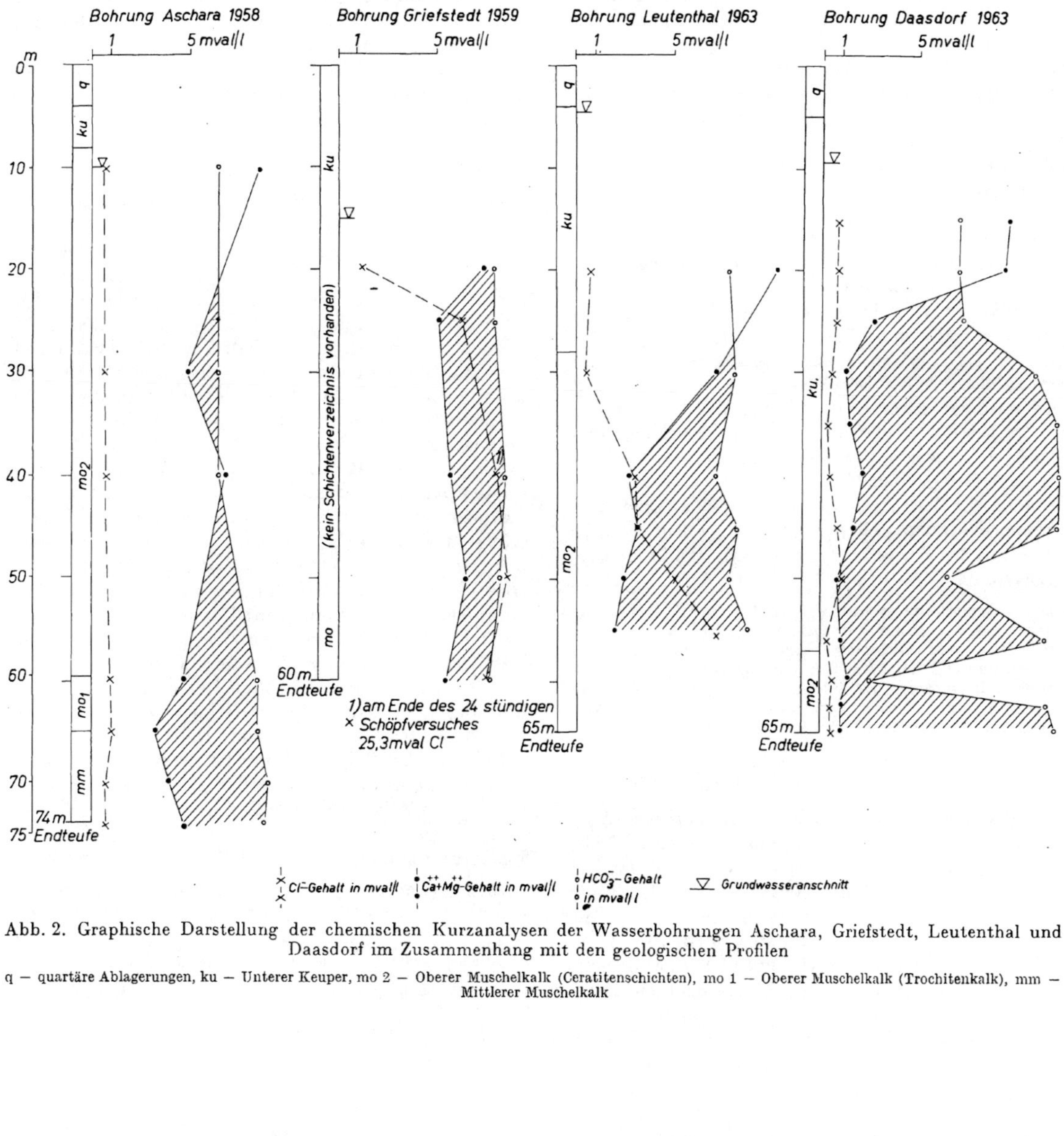

Abb. 2. Graphische Darstellung der chemischen Kurzanalysen der Wasserbohrungen Aschara, Griefstedt, Leutenthal und Daasdorf im Zusammenhang mit den geologischen Profilen

q — quartäre Ablagerungen, ku — Unterer Keuper, mo 2 — Oberer Muschelkalk (Ceratitenschichten), mo 1 — Oberer Muschelkalk (Trochitenkalk), mm — Mittlerer Muschelkalk

Tabelle 2. Ergebnisse der Versuche zum Studium des Ionenaustausches

Bohrung	Teufenlage der Probe (m)	$NaHCO_3$-Geh. der Schöpfproben (mg/l)	Cl^--Geh. der Schöpfproben (mg/l)	Ohne Vorbehandlung GH in °DH	Ohne Vorbehandlung KH in °DH	Nach Vorbehandlung GH in °DH	Nach Vorbehandlung KH in °DH
Pölzig 2	43,2–45,5	ohne	17,7	28,8	11,0	19,6	11,3
	70–72	31,5	15,2	27,8	10,2	18,7	11,3
	103–105,8	36,3	10,6	30,2	10,7	17,9	11,0
Leutenthal	24–28	ohne	30,4	35,5	17,1	25,9*)	11,6
	42–45	427,5	109,8	3,2	16,2	14,2	11,0
Leitungswasser als Blindprobe				23,2	13,1	27,6	14,1

*) Nicht auswertbar, da bei der Titration kein deutlicher Umschlag zu erkennen war

Abb. 2 soll dies für den Bereich Unterer Keuper—Oberer Muschelkalk veranschaulichen. Dabei handelt es sich in den Bohrungen Griefstedt und Leutenthal unter dem Stockwerk des Erdalkalihydrogenkarbonatwassers nicht um „reine Umtauschwässer", sondern um Mischwässer des mittleren und unteren Stockwerks. Das eigentliche untere, salzwasserführende Stockwerk wurde nicht erbohrt, was auch nicht Sinn einer Grundwassererschließung ist. Dieses dürfte jedoch noch darunter zu erwarten sein, da im Muschelkalk (bzw. im Mittleren Muschelkalk und im Trochitenkalk des Oberen Muschelkalks) des Thüringer Beckens wiederholt Salzwässer angetroffen wurden (W. HOPPE 1952).

In Abschn. 3 wurde bereits hervorgehoben, daß die bisher in Thüringen bekannt gewordenen $NaHCO_3$-haltigen Wässer ausschließlich aus Bohrungen stammen und daß ihr Auftreten darin erst von einer bestimmten Teufenlage ab (Tab. 1, Abb. 2) bzw. in einem gewissen Teufenbereich (Tab. 1) zu verzeichnen ist. Dies ist damit zu erklären, daß von der Erdoberfläche und mitunter auch von einem tiefer liegenden Grundwasserleiter aus ein „Auswaschen" der Na-Ionen erfolgt. Dadurch wird natürlich die obenerläuterte hydrochemische Gliederung nicht immer gewahrt bleiben.

Ferner läßt sich noch eine Abhängigkeit zwischen dem $NaHCO_3$-Gehalt der Wässer und der Ergiebigkeit der Bohrungen erkennen (s. Abschn. 3). Bedingt durch die Entstehung der Wässer besitzen Bohrungen mit Alkalihydrogenkarbonatwasser meist nur ein geringes Brunnenergiebigkeitsmaß.

Analog den Versuchen von F. SCHWILLE (1953) zum Studium des Austauschvermögens sind solche auch an Proben aus den Wasserbohrungen Pölzig und Leutenthal durchgeführt worden.

Der ausgebrachte, getrocknete Bohrschmant wurde gemörsert, bis die gesamte Probe eine Korngröße $< 0{,}6$ mm hatte. Für jeden Versuch wurden davon 80 Gramm entnommen und je Teufe zwei Versuche angesetzt: einmal ohne Vorbehandlung direkt mit 200 ml Leitungswasser (43 Stunden), zum anderen nach Vorbehandlung mit einer NaCl-Lösung (6 g/l, 45 Stunden) und danach mit 300 ml Leitungswasser (46 Stunden).

Die Ergebnisse der Versuche gibt Tab. 2 wieder:

Bei der ersten Versuchsreihe (ohne Vorbehandlung mit einer NaCl-Lösung) ist mit Ausnahme einer Probe aus der Bohrung Leutenthal eine Zunahme in der GH zu verzeichnen. Die Probe Leutenthal aus der Teufe 42—45 m jedoch zeigt einen sehr deutlichen Enthärtungseffekt. Die Ursache dafür wird bei einem Analysenvergleich der Versuche mit denen der Schöpfproben aus den entsprechenden Teufen deutlich. Demgegenüber ist bei allen Proben der zweiten Versuchsreihe (nach Vorbehandlung mit einer NaCl-Lösung) eine ± starke Abnahme der GH zu beobachten, wie es auch nach den theoretischen Überlegungen zu erwarten war.

Daraufhin drängt sich die Frage auf, inwieweit im Bohrloch selbst, bedingt durch den Bohrvorgang, ein Ionenaustausch verursacht wird. Damit wäre besonders der Wert der Analysen von Schöpfproben in Frage gestellt. Diesen Bedenken steht jedoch entgegen, daß einmal natriumhydrogenkarbonathaltige Wässer stets erst ab einer bestimmten Teufe unter dem Typ des Erdalkalihydrogenkarbonatwassers angetroffen wurden (Abb. 2) und daß dies zum anderen für die nachfolgenden, für die Praxis zu ziehenden Schlußfolgerungen belanglos erscheint.

5. Schlußfolgerungen

Die wichtigste Schlußfolgerung ergibt sich aus dem z. T. engen Zusammenhang zwischen $NaHCO_3$- und NaCl-Wässern. Bei der Erschließung von Trinkwasser in Gebieten mit Versalzungsgefahr ist dadurch ein Schlüssel gegeben, die Gefahr einer Versalzung des Grundwassers mitunter rechtzeitig zu erkennen. In solchen Gebieten wird es deshalb bei fortlaufend hohen $NaHCO_3$-Gehalten der Schöpfproben ratsam sein, die Bohrungen beim ersten Anstieg des Cl^--Gehaltes sofort einzustellen, um eine Erschließung von Salzwasser zu vermeiden.

Dies soll am Beispiel der beiden Wasserbohrungen Leutenthal und Daasdorf (Abb. 2), die ca. 1 km voneinander entfernt stehen, erläutert werden. Ihr Ansatz erfolgte jeweils im Unteren Keuper, jedoch unterschiedlich zur Grenze Unterer Keuper/Oberer Muschelkalk. Diese Grenze liegt in der Bohrung Leutenthal bei 28 m unter Gelände, in der Bohrung Daasdorf bei 57 m unter Gelände. Beiden Bohrungen ist ein relativ hoher $NaHCO_3$-Gehalt gemeinsam, während sie sich im Cl^--Gehalt unterscheiden. Erhöhte Cl^--Werte treten in der Bohrung Leutenthal 12 m unter der Grenze Unterer Keuper/Oberer Muschelkalk auf. Dieses Niveau wurde jedoch mit der Bohrung Daasdorf noch nicht erreicht, da diese Bohrung vor Antreffen des zu erwartenden salzhaltigen Wassers eingestellt wurde.[3])

Zusammenfassung

Die bisher bekannt gewordenen Vorkommen von natriumhydrogenkarbonathaltigen Wässern in Thüringen werden

[3]) In der Zwischenzeit hat die Kalibohrung Buttelstedt 2, die 1,4 km nordwestlich der Wasserbohrung Daasdorf zum Ansatz kam, im Mittleren Muschelkalk noch 11 m Steinsalz angetroffen (nach einer freundlichen mündlichen Mitteilung von Herrn Diplom-Geologen H. KÄSTNER).

Zeitschrift für angewandte Geologie, Bd. 10 (1964), Heft 5

zusammengestellt und beschrieben. Ihre Entstehung wird mit Ausnahme eines Vorkommens (Bhg. Sparnberg 1) auf der Grundlage der Arbeiten von F. SCHWILLE (1953, 1956) durch Ionenaustausch erklärt. In Gebieten mit Versalzungsgefahr (z. B. in den Keuper-Muschelkalk-Ablagerungen des Thüringer Beckens) ist beim Auftreten von Wässern mit hohen $NaHCO_3$-Gehalten in Bohrungen Vorsicht geboten, da zwischen diesen und den NaCl-Wässern ein enger Zusammenhang besteht.

Резюме

Составляются и описываются все известные проявления натриевых гидрокарбонатных вод в Тюрингии. Их происхождение — за исключением одного проявления (скважина Шпарнберг I) — объясняется на основе работ ф. Швилле (1953, 1956) процессами ионного обмена. В областях с возможностью осолонения (напр. в отложениях среднего и верхнего триаса в Тюрингенской мульде) необходимо соблюдать осторожность при появлении в скважинах вод с высоким содержанием гидрокарбоната натрия, так как между этими водами и хлоридно- натриевыми водами существует тесная связь.

Summary

Occurences hitherto known in Thuringia of bicarbonate of sodium containing waters are specified and described. With the exception of one occurrence (borehole Sparnberg 1) their origin is explained by ion exchange according to F. SCHWILLE (1953, 1956). Precaution is required when drilling in areas endangered by oversalting (for example in Keuper-Muschelkalk deposits of the Thuringian basin) and including waters with high $NaHCO_3$ contents, because these are closely connected with NaCl waters.

Literatur

DIETRICH & KAMINER: Handbuch der Balneologie, medizinischen Klimatologie und Balneographie. — 1, S. 278, Leipzig 1916.

GRÄBE, R: Die Grundwasserverhältnisse im Ostthüringischen Schiefergebirge. Ergebnisse hydrogeologischer Untersuchungen und Kartierungen im Kreise Lobenstein. — Freiberger Forsch.-H., C 117, Berlin 1961.

HOPPE, W.: Die hydrogeologischen Grundlagen der Wasserversorgung in Thüringen. — Jena 1952.

KLUT & OLSZEWSKI: Untersuchung des Wassers an Ort und Stelle, seine Beurteilung und Aufbereitung. — Berlin 1945.

SCHÜTZEL, H., & G. HÖSEL: Eine neue Mineralquelle im südwestlichen Vogtland und Bemerkungen zum Granitmassiv von Eichigt-Schönbrunn. — Z. angew. Geol., 8, 404—408, Berlin 1962.

SCHWILLE, F.: Natriumhydrogenkarbonat- und Natriumchlorid-Wässer im tieferen Untergrund des Mainzer Beckens. — Notizbl. hess. Landesamt Bodenforsch., 81, 314—335, Wiesbaden 1953.

— Ionenumtausch und der Chemismus von Grund- und Mineralwässern. — Z. deutsch. geol. Ges., 106, 16—22, Hannover 1956.

SEIDEL, G.: Lagerstätten und Beschaffenheit der Tone Thüringens sowie ihre Eignung in der Grobkeramik. — Silikattechnik, 12, 1—10, 1961.

SPLITTGERBER, A.: Die Bedeutung des Vorhandenseins von Alkalibikarbonaten, Nitraten und Phosphaten als meist unbeachtete Bestandteile von Grundwässern. — Wasserwirtschaft—Wassertechnik, 4, Berlin 1954.

Bohrjournale und Akten des VEB Geologische Erkundung West, Betr.-Abt. Jena.

Instruktion zur Anwendung der „Klassifikation der Lagerstättenvorräte fester mineralischer Rohstoffe" auf Blei-Zink-Lagerstätten der DDR

2. Blei-Zink-Instruktion vom 23. Januar 1964

INHALT

1. Die Rohstoffe und ihre Lagerstätten in der DDR

1.1. Die Rohstoffe

1.1.1. In den Lagerstätten der DDR kommen Blei und Zink — überwiegend als Bleiglanz (Galenit — PbS) und Zinkblende (Sphalerit — ZnS) — in der Regel gemeinsam vor. Neben den Hauptmetallen enthält das Erz häufig industriell gewinnbare Mengen an Silber, Kupfer, Kadmium, Indium, Zinn, Wismut, Germanium, Arsen u. a. Als wertvolles Nebenprodukt wird außerdem der Schwefel des Erzes genutzt.

1.1.2. In geringen Mengen können im Erz akzessorisch oder an andere Minerale gebunden Ni, Mo, Co, Se sowie andere Elemente enthalten sein.

1.1.3. Als schädliche Beimengungen in Blei-Zink-Erzen sind tonige und bituminöse Stoffe, Oxydationsprodukte u. ä. zu beachten, weil sie die Aufbereitung des Erzes bzw. seine Verhüttung ungünstig beeinflussen. Bestimmte, wirtschaftlich uninteressante Gehalte der unter 1.1.1. erwähnten Nebenkomponenten, insbesondere Kupfer, Arsen, Wismut, Antimon u. a., sind schädliche Beimengungen.

1.1.4. Feine Korngrößen und Mineralverwachsungen der nützlichen Minerale wirken verteuernd — durch den erforderlichen Aufschluß des Erzes — und erschwerend auf den Verarbeitungsprozeß.

1.1.5. Bei der geologischen Erkundung von Blei-Zink-Lagerstätten müssen deshalb alle nützlichen und schädlichen Komponenten im Erz festgestellt und ihre Erscheinungsformen beschrieben werden.

1.2. Die Lagerstätten

Die in der DDR derzeit bekannten Blei-Zink-Lagerstätten lassen sich nach Form, Struktur und stofflicher Veränderung der Erze drei Typen zuordnen, zu deren geologischer Untersuchung nach Art und Umfang unterschiedliche Maßnahmen erforderlich sind und bei deren Vorratsberechnung unterschiedliche Voraussetzungen erfüllt sein müssen:

1.2.1. Lagerstättentyp I

Flözlagerstätten vom Typ des blei- und zinkreichen „Kupferschiefers" (feingeschichteten, polybituminösen, sulfidführenden Mergelschiefers im Zechstein 1 [Werra-Serie] und dessen unmittelbaren Hangenden und Liegenden).

1.2.1.1. Nach der Veränderlichkeit der Metallführung, der Intensität der tektonischen Erscheinungen sowie den unterschiedlichen hydrogeologischen Verhältnissen wird dieser Lagerstättentyp wie folgt untergliedert:

1.2.1.2. Typ Ia

Felder einfacher Form und relativ gleichmäßiger Verteilung der wertvollen Komponenten, hydrogeologisch ungefährdet, mit übersichtlichen tektonischen Verhältnissen, die weder die Erkundung noch die Berechnung der Vorräte erschweren.

1.2.1.3. Typ Ib

Felder, die sich durch eine oder mehrere der folgenden Besonderheiten vom Typ Ia unterscheiden:

1. Wechsel der Metallfazies wurde auf relativ geringe Entfernungen festgestellt;
2. durch Häufung von „Rücken" und den damit verbundenen Metallgehaltsschwankungen sind die Durchschnittsgehaltsermittlungen erschwert;

3. die Lagerungsverhältnisse sind kompliziert und erschweren Erkundung, Berechnung und Abbau der Vorräte;
4. durch Auslaugung oder tektonisch bedingtes bzw. primäres Fehlen der hangenden Schichtglieder, Schlottenbildung u. a. ist die Lagerstätte hydrogeologisch gefährdet.

1.2.1.4. Innerhalb eines Gruben- oder Berechnungsfeldes können beide Untertypen auftreten.

1.2.2. Lagerstättentyp II

Ganglagerstätten mit wechselnder Vererzung. Es werden zwei Rohstoffsorten unterschieden:
Blei-Zink-Erze mit größeren Schwefelkies- und Arsenkies-Anteilen und vorwiegend Quarz als Gangart (Freiberger kiesig-blendige Bleierzformation — „kb-Formation").
Bleierze mit untergeordneten Schwefelkies- und Zinkblende-Anteilen und den Gangarten Schwerspat, Flußspat und Quarz (Freiberger fluorbarytische Bleierzformation — „fba-Formation"). Neben diesen beiden Hauptrohstoffsorten treten untergeordnet andere Mineralparagenesen mit abweichenden Erzsorten auf.

1.2.3. Lagerstättentyp III

Unregelmäßige Lager und stockförmige Körper, z. B. Skarnlagerstätten in karbonatischen, kalksilikatischen und silikatischen Gesteinen. Neben Magnetit und Hämatit sind Bleiglanz und Zinkblende mit anderen Sulfiden in derber bis feiner Ausbildung im Erz unregelmäßig verbreitet.

2. Die Untersuchung der Rohstoffe und der Lagerstätte

2.1. Die durchgeführten Untersuchungen können nur dann als ausreichend angesehen werden, wenn sie zuverlässige Angaben über die Substanzmenge, die Art der Mineralführung, deren Ausbildungsformen und räumliche Verteilung sowie über die berg- und verarbeitungstechnischen Verhältnisse erbringen, d. h. wenn eine zuverlässige Vorratsberechnung und industrielle Einschätzung der Lagerstätten möglich ist. Der Untersuchungsgrad, der für die Klasseneinstufung der Vorräte maßgebend ist, wird durch den Erkundungsgrad und den Erforschungsgrad der Lagerstätte und ihrer Vorräte charakterisiert.

2.2. Zum Erkundungsgrad gehören die Art der durchgeführten Erkundungsarbeiten, ihr spezifischer Umfang und ihr Gesamtumfang, ihre Verteilung auf der Lagerstätte und die Qualität ihrer Durchführung; die Zuverlässigkeit der Lagerstättenumgrenzung (horizontal und vertikal), die Entnahme von Untersuchungsmaterial für die Ermittlung der Qualität des anstehenden Rohstoffes und für technologische Versuche; ferner die exakte Dokumentation aller dieser Arbeiten.

2.2.1. Mit vertretbarem Erkundungsaufwand können durch OT-Bohrungen beim Lagerstättentyp I a Vorräte bis zur Klasse C_1 und manchmal B erkundet werden, beim Lagerstättentyp I b dagegen nur bis zur Klasse C_2 und selten C_1.
Die Anwendung bergmännischer Erkundungsverfahren ist bei beiden Untertypen zur Erkundung von Vorräten höherer Vorratsklassen ökonomisch günstiger.

2.2.2. Die Erkundung von Vorräten des Lagerstättentyps II erfolgt in der Regel durch bergmännische Arbeiten. Bohrungen haben dabei nur untergeordnete Bedeutung.

2.2.3. Bei der Erkundung von Lagerstätten des Typs III können mit Bohrungen Vorräte der Klasse C_2, selten C_1 nachgewiesen werden. Zum Nachweis von Vorräten höherer Klassen sind in der Regel bergmännische Arbeiten erforderlich.

2.2.4. Richtwerte für die Abstände der Bohrungen, Strecken u. a. sind in Tabelle 1 zusammengestellt.

Tabelle 1. Richtwerte für die Blockgrößen bzw. Abstände für die einzelnen Erkundungsarbeiten (s. Pkt. 2.2.4)

Lagerstättentyp	Art der Aufschlüsse	Richtwerte in m			
		A	B	C_1	C_2
I Flözlagerstätten Ia	Bohrungen	–	–	500	1000
	bergm. Arbeiten [1])	200	400	800	1200
Ib	Bohrungen	–	–	–	800
	bergm. Arbeiten [1])	–	200	400	800–1000
II Ganglagerstätten	Bohrungen	–	–	–	–
	bergm. Arbeiten [1])	–	50 [2])	80 [2])	100 [2])
		–	80 [3])	100 [3])	160 [3])
III Skarnlagerstätten	Bohrungen	–	–	–	80
	bergm. Arbeiten [1])	–	40	80	150

[1]) Bei vierseitiger Umfahrung und Bemusterung
[2]) Im Fallen
[3]) Im Streichen

Sie können nicht für jeden konkreten Fall vorgeschrieben, sondern müssen vom Erkundungsgeologen rationell bestimmt werden. Die angegebenen Richtwerte stützen sich auf die praktische Erfahrung in der DDR und unterstellen durchschnittliche Lagerstättenverhältnisse des betreffenden Typs. Abweichungen vom Durchschnitt — eine häufige Erscheinung — verpflichten den Erkundungsgeologen, die Richtigkeit der von ihm gewählten Erkundungsabstände (auch bei Übernahme der Richtwerte) zu begründen.

2.2.4.1. Bohrungen müssen geophysikalisch vermessen werden. Ihr Kerngewinn darf im Erz 90% bei Typ I und II und 80% bei Typ III sowie 70% im Nebengestein nicht unterschreiten.[1])

2.2.4.2. Bohrungen mit geringerem Kerngewinn können nicht zur Berechnung von Vorräten herangezogen werden.

2.2.5. Die Abstände der Einzeluntersuchungen (Probenahme, Mächtigkeitsmessungen u. a.) in bergmännischen Bauen sind von der Beständigkeit der Metallführung und der Mächtigkeit abhängig. Sie werden vom Betriebs- oder Erkundungsgeologen festgelegt; einmal festgelegt, sind sie im betr. Feldesteil strikt einzuhalten.

2.2.5.1. Als Richtwerte können folgende Abstände dienen:

Im Lagerstättentyp	Ia	5–10 Meter
	Ib	bis 5 Meter
	II	2–5 Meter
	III	5–10 Meter

Einer aus wirtschaftlichen Gründen anzustrebenden Vergrößerung der Probenahmeabstände kann zugestimmt werden, wenn nachgewiesen wurde, daß dies bei dem Charakter der Metallverteilung im Erz zulässig ist.

2.2.5.2. Durch die Probenahme ist die gesamte Mächtigkeit des Erzkörpers zu erfassen (eventl. durch kombinierte Probenahme, wie Schlitz- und Bohrproben).

2.2.5.3. Liegt ein Gang in mehreren Trümern vor, so werden die Nebengesteinsmittel nicht in die Probe einbezogen, wenn sie abbautechnisch ausgehalten werden können.

2.2.5.4. Alle Bemusterungsarbeiten (Probenahme, Probenvorbereitung, Probenuntersuchung und Bemusterungskontrolle) sind sorgfältig zu dokumentieren.

2.3. Zum Erforschungsgrad gehören Untersuchungen der Rohstoffqualität und der technologischen Eigenschaften des Rohstoffes, hydrogeologische und ingenieurgeologische Untersuchungen, die geologische und technisch-ökonomische Analyse aller

[1]) Bei Typ I gelten außerdem sinngemäß die Festlegungen der 2. Kupfer-Instruktion (Pkt. 2.2.3. bis 2.2.4.5.).

Erkundungsdaten sowie die Erforschung der Lagerstättengenese.

2.3.1. Durch chemische Analyse sind grundsätzlich in allen Proben die Komponenten festzustellen, deren industrielle Bedeutung durch die Konditionen festgelegt wurde.

2.3.2. Daneben sind wertvolle Nebenkomponenten sowie schädliche Komponenten (im Sinne der Verarbeitung) laufend mindestens an vorschriftsmäßig zusammengestellten Gruppenproben analytisch zu bestimmen. Gruppenproben dürfen aus der Vereinigung von nicht mehr als 5 Einzelproben hervorgegangen sein.

2.3.3. Die Zuverlässigkeit der Analysenergebnisse muß durch Kontrollanalysen bestätigt werden. Hierfür ist die entsprechende Anweisung[2]) der ZVK über „innere" und „äußere Kontrolle" maßgebend.

2.3.4. Die mineralischen Erscheinungsformen der nützlichen und schädlichen Komponenten, Verwachsungsgrad, Struktur und Textur der Erze, Korngrößen usw. müssen ausreichend charakterisiert und beschrieben werden, um notwendige Schlußfolgerungen für die Gewinnung bzw. Beseitigung der Komponenten zu ermöglichen.

2.3.5. Für neuerkundete (insbes. neuaufgefundene) Lagerstätten sind aufbereitungs- und hüttentechnische Untersuchungen zu veranlassen; der Bericht über das Ergebnis dieser Prüfungen ist mit der Vorratsberechnung vorzulegen. Wenn derartige Versuche nicht durchgeführt wurden, ist der analoge Bestand, Aufbau usw. des Rohstoffes in bezug auf solche Erze nachzuweisen, die auf anderen gleichartigen Lagerstätten bereits genutzt wurden.

2.3.6. Die Rohstoffdichte muß für jede Erzsorte einwandfrei festgestellt werden. Mit der Rohstoffdichte wird am besten zugleich die Bergfeuchtigkeit bestimmt. Auf detaillierte Untersuchungen kann dann verzichtet werden, wenn der Nachweis für die praktische Bedeutungslosigkeit derartiger Schwankungen (evtl. aus analogen Lagerstätten) erbracht wurde.

2.3.7. Zur Klärung der den Abbau beeinflussenden bergtechnischen Faktoren sind zu untersuchen:

2.3.7.1. die physikalischen Eigenschaften des Nebengesteins (Bohrfähigkeit, Standfestigkeit, Klüftigkeit usw.). Wenn Angaben über Gebirgsdruckerscheinungen gemacht werden können, hat dies zu erfolgen;

2.3.7.2. die physikalischen Eigenschaften des Erzes (Festigkeit, Stückigkeit, Koeffizient der Auflockerung usw.);

2.3.7.3. die gas- und wasserführenden Horizonte und Zonen (vor allem bei Lagerstätten des Typs I); Druck und Chemismus der zusitzenden Wässer, mögliche Wasserzuflüsse und ihre Beziehung zu Oberflächenwässern, Standwässer.

2.3.7.4. Wenn die unter 2.3.7.1. bis 2.3.7.3. genannten Untersuchungen in benachbarten Gruben mit gleichen oder analogen Verhältnissen durchgeführt bzw. einwandfrei bekannt sind, kann auf ihre Durchführung verzichtet bzw. ihr Umfang entsprechend reduziert werden.

2.3.8. Für die Berechnung und den Abbau von Vorräten in Lagerstätten des Typs II haben tektonische Untersuchungen größte Bedeutung. Insbesondere ist bei Gangaufspaltung, mehreren parallelen Gängen usw. die eindeutige Parallelisierung der Erzkörper unerläßlich.

3. Die Einstufung der Vorräte in die Vorratsgruppen und -klassen

Die Bestimmungen der Klassifikation der Lagerstättenvorräte fester mineralischer Rohstoffe der DDR zur Einstufung der Vorräte werden auf Blei-Zink-Lagerstätten wie folgt angewendet:

3.1. Einstufung in die Vorratsgruppen

3.1.1. Die Einstufung in die Vorratsgruppen erfolgt auf der Grundlage von Konditionen, die durch die Staatliche Plankommission bestätigt sein müssen.

[2]) Wird in Heft 6, 1964, dieser Zeitschrift veröffentlicht.

3.1.2. Für die Berechnung der Außerbilanzvorräte von Blei-Zink-Erzen werden in den Konditionen untere Grenzwerte festgelegt. Erze, deren Gehalt unter dieser Grenze liegt, werden in Vorratsberechnungen nicht erfaßt.

3.1.3. Prognostische Vorräte entsprechend § 4 der 2. Vorratsklassifikation fester mineralischer Rohstoffe werden für größere geologische Einheiten gesondert berechnet und der ZVK eingereicht. Sie werden kontrolliert, begutachtet, jedoch nicht bestätigt.

3.2. Einstufung in die Vorratsklassen

Die Rohstoffvorräte werden nach dem Untersuchungsgrad in die einzelnen Klassen eingestuft. Dabei müssen alle im § 5 der 2. Vorratsklassifikation fester mineralischer Rohstoffe gestellten Forderungen für die jeweilige Klasse erfüllt sein. Die Bedingungen für die Klassenzugehörigkeit werden für Blei-Zink-Erze wie folgt präzisiert:

3.2.1. Klasse A (a)

3.2.1.1. Der Vorratsblock wurde bergmännisch erkundet und mindestens dreiseitig umfahren und bemustert; die Erkundungsabstände entsprechen den Richtwerten der Tabelle 1 oder den für die konkreten Verhältnisse ermittelten optimalen Werten. Die Erzführung ist in den Aufschlüssen lückenlos zu beobachten; ihr Verhalten in Aufschlußlücken (dreiseitige Umfahrung) ruft keine Zweifel hervor.

3.2.1.2. In den Auffahrungen wurde weder ein Wechsel in der Erzführung noch ihr Herabsinken unter die Konditionsgrenzen festgestellt.
Beim Lagerstättentyp II und III können häufig weder im Verlaufe der Erkundung noch der Vorrichtung Vorräte der Klasse A festgestellt werden.

3.2.1.3. Die hydrogeologischen, tektonischen und sonstigen den späteren Abbau beeinflussenden Faktoren sind geklärt.

3.2.1.4. Zur Berechnung der Parameter des Blockes wurden nur solche Daten verwendet, die im Block oder in den ihn umgrenzenden Auffahrungen ermittelt wurden.

3.2.2. Klasse B (b)

3.2.2.1. Der Vorratsblock wurde bergmännisch erkundet. Bei allseitiger Umfahrung und Bemusterung entsprechen die Erkundungsabstände den Richtwerten der Tabelle 1 oder den für die konkreten Verhältnisse ermittelten optimalen Werten; bei lückenhafter (drei- oder zweiseitiger) Umfahrung entsprechend geringeren Werten.
Die Erzführung kann im Blockumriß zwar nicht lückenlos beobachtet werden, das Aushalten der maßgebenden Parameter jedoch begründet geschlußfolgert werden.

3.2.2.2. In den Auffahrungen kann ein Wechsel in der Erzführung ebenso wie ihr lokales Herabsinken unter die Konditionsgrenzen beobachtet worden sein. Die Beobachtungen müssen jedoch ausreichen, um die Abgrenzung dieser Bereiche vornehmen zu können.

3.2.2.3. Die hydrogeologischen und tektonischen Verhältnisse innerhalb des Blockes müssen so weit bekannt sein, daß die Planung der Abbauarbeiten — unter Berücksichtigung möglicher zu erwartender Komplikationen — erfolgen kann.

3.2.2.4. Zur Berechnung der Parameter des Blockes können nur solche Daten verwendet werden, die im Block oder in den ihn begrenzenden Auffahrungen ermittelt wurden.

3.2.3. Klasse C_1 (c_1)

3.2.3.1. Der Vorratsblock wurde bergmännisch oder beim Lagerstättentyp Ia mit Hilfe von OT-Bohrungen erkundet. Bei allseitiger bergmännischer Umfahrung und Bemusterung entsprechen die Erkundungsabstände den Richtwerten der Tabelle 1 oder den für die konkreten Verhältnisse ermittelten optimalen Werten; bei lückenhaftem (jedoch mindestens einseitigem) Aufschluß entsprechend geringeren Werten.

Bei nicht allseitiger bergmännischer Umfahrung und Bemusterung des Blockes muß das Aushalten der maßgebenden Parameter innerhalb der gewählten Berechnungsgrenzen durch die vorliegenden Erkundungsergebnisse begründet geschlußfolgert werden können.

3.2.3.2. Wurde der Berechnungsblock mit Hilfe von OT-Bohrungen erkundet, liegen C_1-Vorräte innerhalb des Umrisses, der durch — die Konditionen erfüllende — Bohrungen verläuft. Die Abstände solcher Bohrungen entsprechen den Richtwerten der Tabelle 1 oder wurden für die konkreten Verhältnisse als optimale ermittelt.

3.2.3.3. In den Auffahrungen bzw. Bohrlochaufschlüssen kann ein Wechsel der Erzführung ebenso wie ihr lokales Absinken der Erzführung unter die Konditionsgrenzen beobachtet worden sein. Die Beobachtungen müssen jedoch ausreichen, um die Gesamteinschätzung des Berechnungsblockes mit der erforderlichen Zuverlässigkeit vornehmen zu können.

3.2.3.4. Die hydrogeologischen und tektonischen Verhältnisse müssen innerhalb des Blockes so weit bekannt sein, daß die Hauptschwierigkeiten des zukünftigen Abbaus eingeschätzt werden können.

3.2.3.5. Zur Berechnung der Parameter des Blockes können nur solche Daten verwendet werden, die im Block oder in den ihn begrenzenden Auffahrungen ermittelt wurden. Außerhalb des Blockes liegende Aufschlüsse können nur zur Interpolation bei der Umgrenzung verwendet werden.

3.2.3.6. Im Anschluß an Vorräte der Klassen A und B können bei entsprechenden geologischen Verhältnissen Vorräte der Klasse C_1 bis auf den halben Erkundungsabstand für diese Klasse extrapoliert werden.

3.2.4. Klasse C_2 (c_2)

3.2.4.1. Der Vorratsblock wurde bergmännisch (Lagerstättentyp II) oder mit Hilfe von OT-Bohrungen erkundet. Bei allseitiger Umfahrung entsprechen die Erkundungsabstände den Richtwerten der Tabelle 1 oder den für die konkreten Verhältnisse ermittelten optimalen, bei lückenhaftem Aufschluß entsprechend geringeren Werten.

Bei nicht allseitiger bergmännischer Umfahrung und Bemusterung des Blockes muß das Aushalten der maßgebenden Parameter innerhalb der gewählten Berechnungsgrenzen durch die vorliegenden Erkundungsergebnisse begründet geschlußfolgert werden können.

3.2.4.2. Wurde der Berechnungsblock mit Hilfe von OT-Bohrungen erkundet, liegen C_2-Vorräte innerhalb des Umrisses, der durch — den Konditionen entsprechende — Bohrungen verläuft. Die Abstände solcher Bohrungen entsprechen den Richtwerten der Tabelle 1 oder wurden für die konkreten Verhältnisse als optimale ermittelt.

3.2.4.3. Wurden in den Auffahrungen ein Wechsel der Erzführung oder ihr lokales Herabsinken unter die Konditionsgrenze festgestellt, so sind für die betreffenden Blöcke entsprechende Koeffizienten zu berechnen und bei der Vorratsberechnung anzuwenden.

Wurden in OT-Bohrungen solche Beobachtungen gemacht, können diese nur zur Interpolation bei der Festlegung des äußeren Umrisses dienen.

3.2.4.4. Die Klärung der hydrogeologischen und tektonischen Verhältnisse kann sich auf die Grundfragen beschränken; die gemachten Feststellungen dürfen die Bilanzwürdigkeit des Vorrats jedoch nicht in Zweifel stellen.

3.2.4.5. Zur Berechnung der Parameter des Blockes können neben Daten, die im Block selbst erhalten wurden, Angaben aus benachbarten Blöcken höherer Klassen herangezogen werden.

3.2.4.6. Im Anschluß an Vorräte der Klassen A, B und (nichtextrapolierte) C_1 können bei entsprechenden geologischen Verhältnissen Vorräte der Klasse C_2 bis auf den halben Erkundungsabstand für diese Klasse extrapoliert werden. Bei einer Erkundung mittels OT-Bohrungen liegen sie in diesem Falle im Grenzstreifen zwischen innerem und äußerem Umriß.

3.2.4.7. Wurden in den Aufschlüssen bei C_2-Abständen günstige Verhältnisse angetroffen und läßt die allgemeine geologische Situation eine Extrapolation zu, können an den inneren Umriß der C_2-Vorräte Vorräte der gleichen Klasse bis zum halben Erkundungsabstand für Klasse C_2 extrapoliert und gemeinsam mit diesen berechnet werden.

4. Allgemeine Festlegungen für die Berechnung der Vorräte

4.1. Vorräte in Sicherheitspfeilern

4.1.1. Vorräte in sog. „ewigen Sicherheitspfeilern" (z. B. Schachtsicherheitspfeilern u. a.) werden bei der ersten Vorratsberechnung berechnet und der ZVK mitgeteilt. Die Verfügung über die Festlegung des Sicherheitspfeilers ist der Vorratsberechnung abschriftlich beizulegen. Diese Vorräte werden später nicht mehr berechnet und unabhängig davon, ob es sich um Bilanz- oder Außerbilanzvorräte handelt, nicht bilanziert.

4.1.2. Vorräte in befristeten Sicherheitspfeilern (z. B. Markscheide-, Kohlensäure- und Laugensicherheitspfeilern) werden berechnet und in der entsprechenden Vorratsgruppe ausgewiesen.

4.2. Vorräte in abseits gelegenen Restpfeilern werden nach einem vorzulegenden technisch-ökonomischen Gutachten entweder unter Einhaltung der hierzu erlassenen Vorschriften abgeschrieben, d. h. aus der Vorratsbilanz entfernt, oder als normaler Vorrat geführt.

4.3. Festlegungen zur Berechnung

4.3.1. Die Vorräte jeder Rohstoffsorte sind getrennt zu berechnen.

4.3.2. Die Berechnung der Erzvorräte erfolgt gem. „Richtlinie der ZVK über Form und Inhalt von Vorratsberechnungen" in 1000 Tonnen (kt), die Berechnung der Metallinhalte in 100 Tonnen (Pb bzw. Zn).

4.3.3. Wurden wertvolle, in Spuren auftretende Nebenkomponenten mit Hilfe statistischer u. a. Methoden für einzelne oder mehrere Vorratsblöcke berechnet, können sie in der Regel nur als C_2-Vorräte geführt werden, selbst wenn die betreffenden Blöcke und Lagerstättenteile für Blei und Zink in höheren Klassen bestätigt wurden.

4.3.4. Die in der DDR z. Z. untersuchten Blei-Zink-Lagerstätten liegen in technisch erreichbaren Teufen. Sollten in Zukunft tiefer liegende Lagerstätten angetroffen werden, ist ihre Bilanzwürdigkeit in jedem Einzelfall zu überprüfen.

Allgemein wird festgelegt, daß die Vorräte bis zu einer Teufe von 1200 m als Bilanzvorräte und von 1200—1500 m als Außerbilanzvorräte geführt werden. Lagerstätten oder ihre Teile, die in noch größere Teufe hinabsetzen, werden in die Vorratsberechnung im allgemeinen nicht einbezogen. In Zweifelsfällen entscheidet die ZVK.

4.4. Wurden bei der Erkundung neuer Lagerstätten mit Hilfe von OT-Bohrungen andere mineralische Rohstoffe (z. B. Braunkohle, Kali bei der Erkundung auf Pb-Zn-Schiefer) im Deckgebirge angetroffen, so sind die entsprechenden Kerne, Unterlagen usw. den zuständigen Erkundungsbetrieben, VVB usw. zu übergeben, die für die Berechnung dieser Vorräte nach den Richtlinien und Instruktionen der ZVK verantwortlich sind. Im Bericht zur Vorratsberechnung sind entsprechende Nachweise beizubringen bzw. Vereinbarungen über die Berechnung dieser Vorräte mitzuteilen.

4.5. Die Berechnung der Vorräte muß auf Rissen und Karten eines solchen Maßstabes erfolgen, daß benachbarte Aufschlüsse mindestens 3—5 cm voneinander entfernt liegen, d. h. in der Regel nicht kleiner als 1:5000—1:10000 für Lagerstätten des Typs I und 1:2000 für Lagerstätten des Typs II und III.

4.6. Gem. „Richtlinien der ZVK über Form und Inhalt von Vorratsberechnungen" muß der Bericht ein

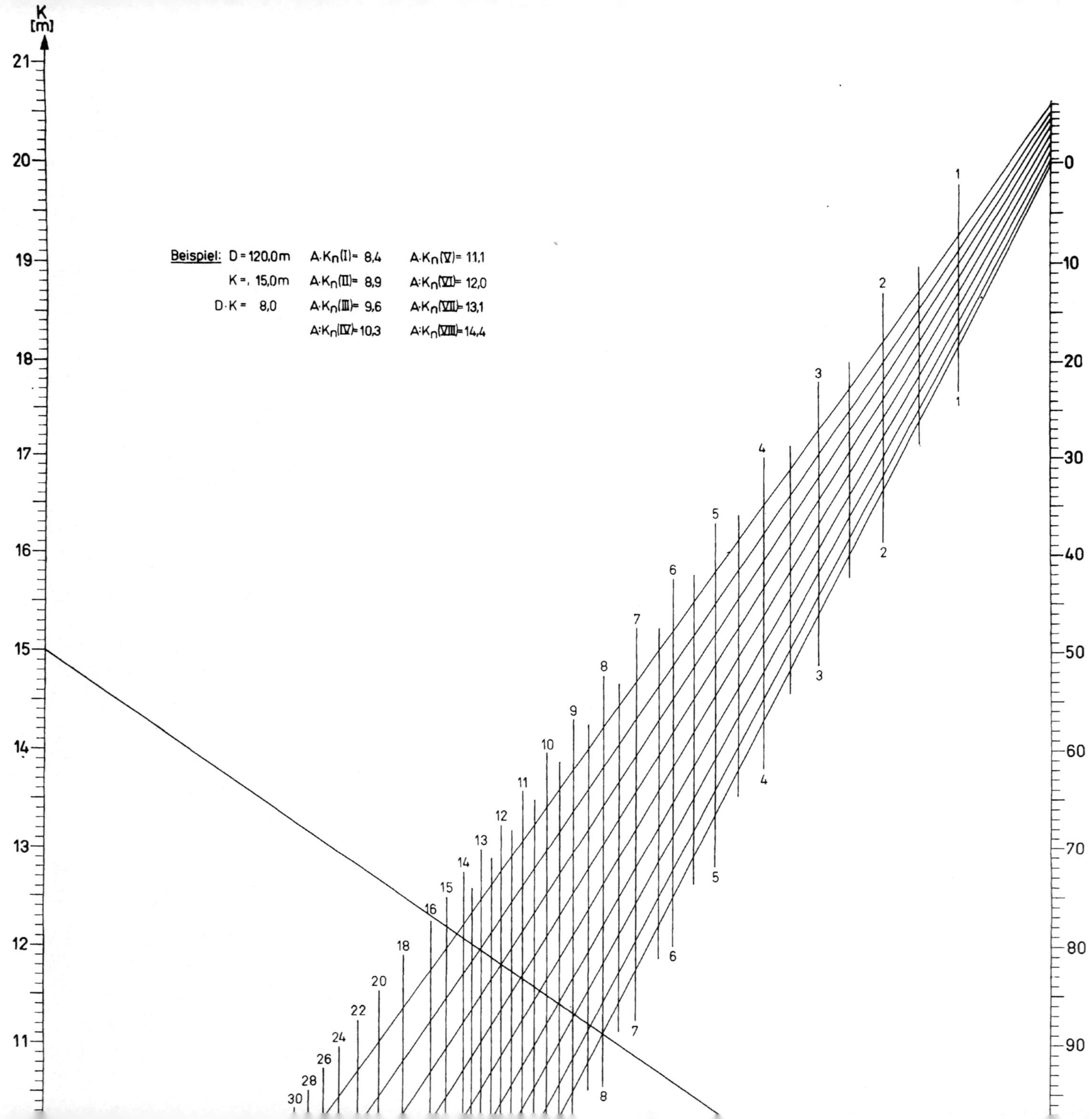
K [m]
Beispiel: D = 120,0m
K = 15,0m
D·K = 8,0
A·Kn(I)= 8,4
A·Kn(II)= 8,9
A·Kn(III)= 9,6
A·Kn(IV)= 10,3
A·Kn(V)= 11,1
A·Kn(VI)= 12,0
A·Kn(VII)= 13,1
A·Kn(VIII)= 14,4

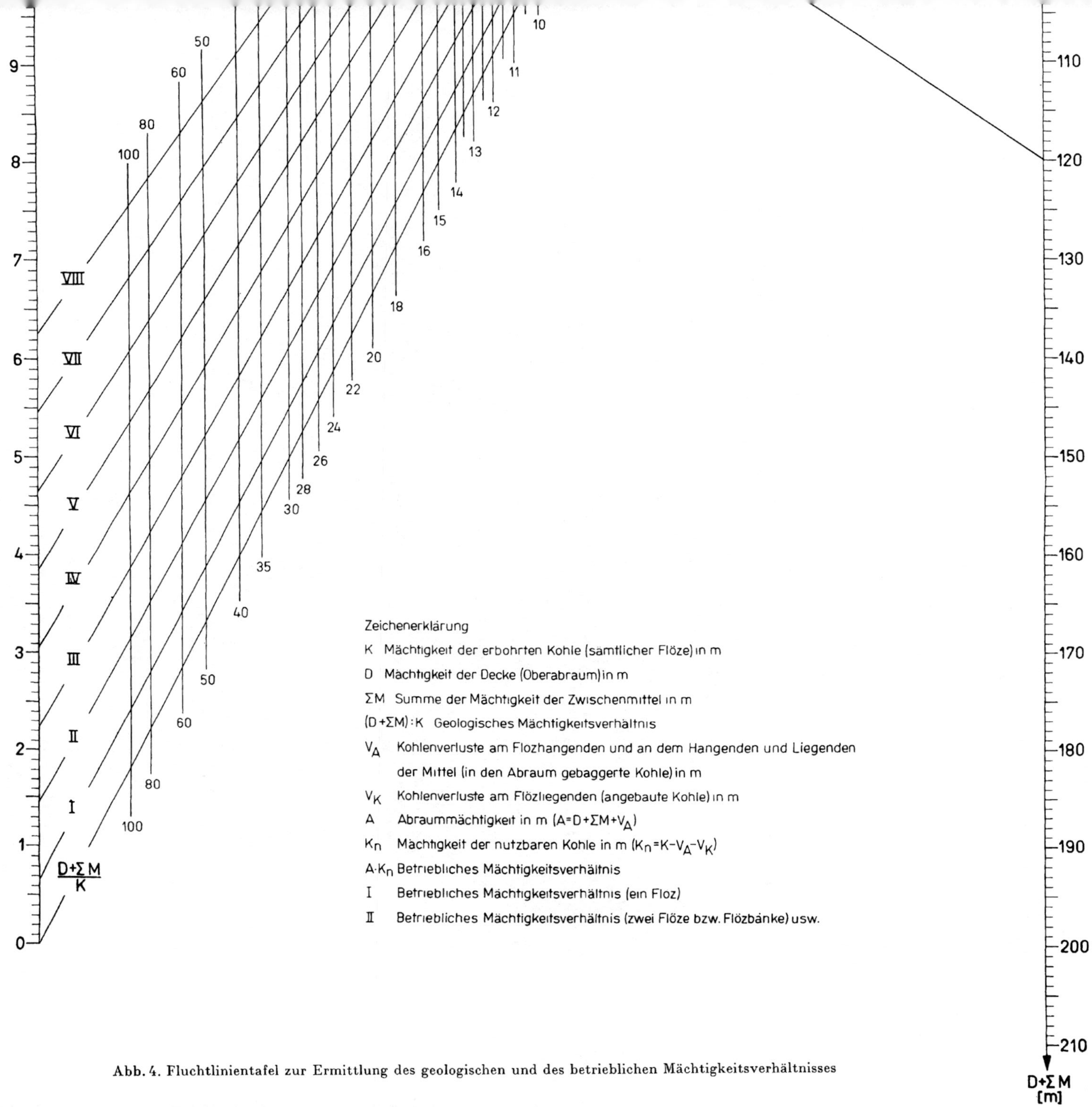

Abb. 4. Fluchtlinientafel zur Ermittlung des geologischen und des betrieblichen Mächtigkeitsverhältnisses

Kapitel zur industriellen Einschätzung der Lagerstätten enthalten.
Bei neuerkundeten Lagerstätten insbesondere in neuen Gebieten gehören dazu vor allem die optimale Jahresförderung eines zukünftigen Betriebes und seine Lebensdauer, orientierungsmäßiger Umfang der benötigten Investitionen, erwartete Selbstkosten einer Tonne Erz und Metall, ihr Vergleich mit analogen Betrieben bzw. dem Durchschnitt des Industriezweiges, erschwerende (die Produktion verteuernde) Umstände usw.
Bei bereits im Abbau stehenden Betrieben sind vor allem anzugeben: jährliche Gewinnung, Gewinnungsverluste, erwartete Lebensdauer bei den vorhandenen Gesamtvorräten, Gestehungskosten, Vergleich mit analogen Betrieben und Durchschnitt des Industriezweiges.

5. Die volkswirtschaftliche Bedeutung der Vorräte

Die in den §§ 13—17 der Vorratsklassifikation formulierte volkswirtschaftliche Bedeutung der einzelnen Vorratsklassen und ihrer Gesamtheit wird für Blei-Zink-Lagerstätten durch Instruktionen und Weisungen konkretisiert, welche die Staatliche Plankommission herausgibt.
Für Entscheidungen, die durch diese Weisungen nicht berührt werden, sind die entsprechenden Festlegungen der Vorratsklassifikation maßgebend.

ZENTRALE VORRATSKOMMISSION FÜR MINERALISCHE ROHSTOFFE DER DDR
Der Vorsitzende
Stammberger

Graphische Ermittlung des geologischen und des betrieblichen Mächtigkeitsverhältnisses[1]

HANSJÜRGEN KRUHME & GEORG MAGALOWSKI, Berlin

(Mitteilung aus dem Zentralen Geologischen Institut, Berlin)

Einleitung und Problemstellung

Für die Auswertung des umfangreichen Unterlagenmaterials der Bohrarchive für die Braunkohlenprognose erschien es zweckmäßig, zur Ermittlung des geologischen und betrieblichen Mächtigkeitsverhältnisses ($D : K$ und $A : K_n$)[2] eine Fluchtlinientafel zu entwerfen. Diese Aufgabe wurde von den Verf. gelöst.

Allgemein wird der Zeitaufwand für die Berechnungen auf zirka die Hälfte vermindert. Komplizierte Fragenkomplexe von der Art des unten angeführten zweiten und dritten Rechenbeispiels können jetzt ohne umständliche Rechnungen beantwortet werden.

Begriffsdefinitionen

Die zur Anwendung kommenden Begriffe sollen im wesentlichen in der Form definiert werden, wie sie in den „Begriffsbestimmungen für den Braunkohlentagebau" (G. HOLLWEG 1958) festgelegt sind. Dabei wird:

1. das geologische Mächtigkeitsverhältnis durch die Formel

$$\frac{\text{Decken- plus Mittelmächtigkeit}}{\text{Kohlenmächtigkeit}} = \frac{D + \Sigma M}{K} \; [\text{m/m}] \quad (1)$$

2. das betriebliche Mächtigkeitsverhältnis durch die Formel

$$\frac{\text{Abraummächtigkeit}}{\text{Mächtigkeit der nutzbaren Kohle}} = \frac{A}{K_n} = \frac{D + \Sigma M + V_A}{K - (V_A + V_K)} \; [\text{m/m}] \quad (2)$$

dargestellt.

Zeichenerklärung:

D = Mächtigkeit der Decke (Oberabraum) in m
M = Mächtigkeit des einzelnen Mittels in m
K = Mächtigkeit der erbohrten Kohle in m
V_A = Kohlenverluste am Flözhangenden und an dem Hangenden und Liegenden der Mittel (in den Abraum gebaggerte Kohle) in m
V_K = Kohlenverluste am Flözliegenden (angebaute Kohle) in m

Der Begriff 1 (geologisches Mächtigkeitsverhältnis) ist das lineare Verhältnis, wie es sich aus den Bohrtabellen unmittelbar oder aus einer möglichen Mittelbildung aus Bohrtabellen und benachbarten Abbaukanten herleitet.

Der Begriff 2 (betriebliches Mächtigkeitsverhältnis) ist das aus Bohrtabellen oder benachbarten Abbaukanten abgeleitete lineare Verhältnis unter Berücksichtigung der voraussichtlich eintretenden linearen Abbauverluste. Bei normalen Verhältnissen sind an

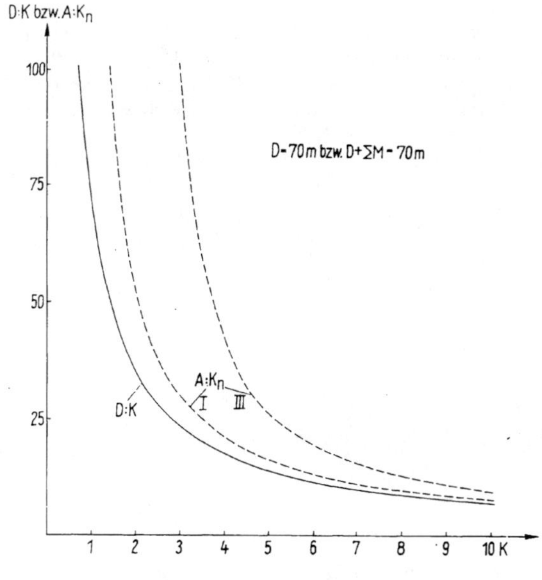

Abb. 1. Unterschiede zwischen $D : K$ und $A : K_n$ ($A : K_n$ für 1 bzw. 3 Flöze)

[1] Eingang des Manuskripts in der Redaktion: 30. 10. 1963
[2] Um Irrtümer zu vermeiden, müßten anstelle der bei G. HOLLWEG (1958) verwendeten Begriffe: D:K und A:K die exakten Begriffe $D + \Sigma M : K$ und $A : K_n$ verwendet werden.

allen Grenzflächen zwischen Abraum und Kohle Abzüge für Abbauverluste von maximal 0,40 m Kohlenmächtigkeit zulässig mit Ausnahme des untersten Liegenden, wo der zulässige Abzug bis zu 0,25 m beträgt.

In den „Begriffsbestimmungen für den Braunkohlentagebau" (G. HOLLWEG 1958) heißt es D : K und A : K. Wenn aber K in D : K die gesamte Kohlenmächtigkeit ohne Abbauverluste ist, dann ist es falsch, das Verhältnis Abraummächtigkeit : Mächtigkeit der nutzbaren Kohle mit A : K zu bezeichnen, da hierbei K um die Abbauverluste verringert ist. Verf. setzen anstelle der unrichtigen Bezeichnung A : K die Bezeichnung $A : K_n$. Unter K_n ist also die Mächtigkeit der nutzbaren Kohle zu verstehen. Entsprechend ist auch die Gleichung $D : K = (D + \Sigma M) : K$ nur für ein Flöz ($\Sigma M = 0$) richtig. Abb. 1 zeigt, wie bei konstantem D bzw. $D + \Sigma M$ (als Konstante wurde hier 70 m gewählt) und variablem K sich die Verhältnisse D : K und $A : K_n$ besonders bei geringen Kohlenmächtigkeiten unterscheiden.

Entwicklung des D:K-Verhältnisses[3])

Beim Braunkohlentiefbau waren die Gestehungskosten relativ hoch, es waren eine ganze Reihe von Schwierigkeiten zu überwinden, und trotzdem betrugen die Abbauverluste ca. 30—50%, bei einer, gemessen an heutigen Förderleistungen im Tagebau, kleinen Förderung. Das waren einige der Hauptgründe, weshalb man allmählich zum Tagebau überging.

Ende des 19. Jahrhunderts bis Anfang des 20. Jahrhunderts wurde in größerem Umfang mit der Gewinnung der Braunkohle im Tagebau begonnen. Es wurden nur oberflächennah gelegene Flöze bzw. Flözteile abgebaut. Da die Abraumbewegung anfangs fast ausschließlich manuell erfolgte, blieb die Förderung zunächst klein, und man baute nur bei einem D : K-Verhältnis von $\leqq 1 : 1$ ab (s. Abb. 2). Durch den Einsatz von Baggern stieg das D : K bis auf etwa 3 : 1 um 1920 (A. HOFFMANN 1935).

Erst die Entwicklung entsprechend leistungsfähiger Geräte ermöglichte es, ein steigendes D : K-Verhältnis ökonomisch tragbar zu gestalten. Besonders der Bau von Abraumförderbrücken in den zwanziger Jahren brachte eine weitere Steigerung des D : K-Verhältnisses, das man für 1935 mit etwa 5 : 1 ansetzen kann (A. HOFFMANN 1935). Durch den Einsatz von Förderbrücken und Großgeräten kann man heute schon mit einem D : K-Verhältnis von 7 : 1 rechnen. Eine weitere

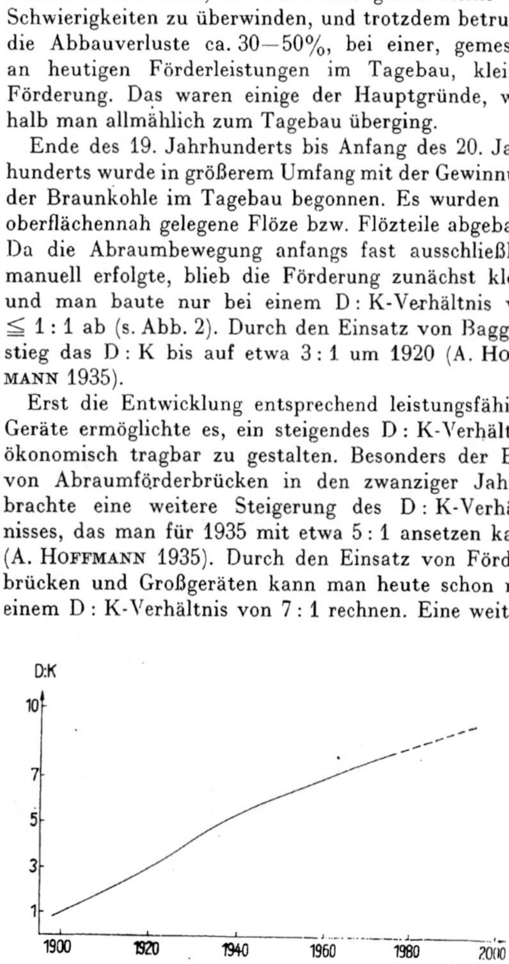

Abb. 2. Entwicklung des D : K-Verhältnisses ab 1900

Steigerung ist zu erwarten. In 2—3 Jahrzehnten wird voraussichtlich nach weiterer Entwicklung der Tagebautechnologie bei leicht baggerbarem Deckgebirge ein $A : K_n$-Verhältnis von 12 : 1, bei schwer baggerbarem aber bis 10 : 1 möglich sein[4]). Hierdurch zeichnet sich bereits die Möglichkeit für die Anlage von Tieftagebauen ab, die 2—3mal tiefer sein können als die heutigen, also bis ca. 200 m und mehr.

Jedoch auch bei einer anderweitigen Nutzung der tiefer lagernden Vorräte (wie z. B. Untertagevergasung) ist die Ermittlung von Lagerstättenparametern erforderlich.

Der Lösungsweg

Um die Zusammenhänge zwischen mehreren Veränderlichen graphisch auszuwerten, konstruiert man Systeme von (möglichst geradlinigen) Kurven, sogenannten Funktionsleitern. Es wird dabei angestrebt, daß die Leitern eine lineare Teilung tragen, d. h., die Abstände zwischen aufeinanderfolgenden Teilstrichen sollen konstant sein.

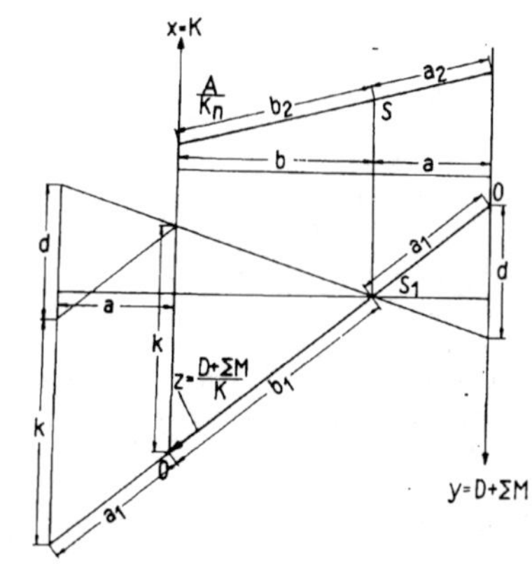

Abb. 3. Allgemeiner Aufbau der Fluchtlinientafel

In unserem speziellen Fall sind die Veränderlichen x und y mit

$$l_1 x = K = k \quad (3)$$

und

$$l_2 y = D + \Sigma M = d \quad (4)$$

gegeben, die auf den beiden parallelen Funktionsleitern mit den Maßstäben l_1 bzw. l_2 aufgetragen sind ($1\,\text{m}K \triangleq l_1$ mm der Zeichnung, $1\,\text{m}\,(D + \Sigma M) \triangleq l_2$ mm der Zeichnung).

Der Quotient

$$z = y : x \quad (5)$$

soll mit Hilfe einer Fluchtlinientafel, deren allgemeiner Aufbau in Abb. 3 dargestellt ist, graphisch ermittelt werden. Es wird sich zeigen, daß auch das Verhältnis $A : K_n$ mit Hilfe dieser Fluchtlinientafel, die eine der Möglichkeiten zur Lösung dieser Aufgaben darstellt, ermittelt werden kann.

---

[3]) Diese Übersicht erhebt keinen Anspruch auf Vollständigkeit, sondern sie gibt nur die Tendenz der Entwicklung an.

[4]) Mündl. Mitteilung von leitenden Mitarbeitern des Projektierungs- und Konstruktionsbüros „Kohle" und der Staatlichen Plankommission, Abt. Kohle.

Die beiden parallelen, entgegengesetzt orientierten Geraden mit dem Abstand c stellen zwei Leitern mit linearer Teilung für die Veränderlichen x und y dar. Die Verbindungsgerade der beiden Nullpunkte bildet dann eine dritte Leiter für z, deren Teilung nicht linear ist. Für eine beliebige, sämtliche Leitern schneidende Gerade gilt nach dem Strahlensatz für die durch den Schnittpunkt S_1 entstehenden Strecken k, d, a_1 und b_1

$$d : k = a_1 : b_1 \tag{6}$$

Das Verhältnis $A : K_n$ setzt sich nach Formel (2) ebenfalls aus Werten der x- und y-Leitern zusammen. Die Funktionsleiter für $A : K_n$ schneidet also diese beiden Leitern je nach Anzahl der Flöze oder Flözteile in bestimmten Punkten. Zeichnet man durch S_1 eine Parallele zu den beiden äußeren Leitern, so teilt sie die $(A : K_n\text{-})$Leiter bei S_2 in die Abschnitte a_2 und b_2. Nach geeigneter Parallelverschiebung (S_1 in S_2) besagt der Strahlensatz:

$$a_1 : b_1 = a_2 : b_2 \tag{7}$$

Außerdem gilt für die Abschnitte jeder senkrecht zu den beiden äußeren Leitern verlaufenden Geraden die Beziehung

$$a : b = a_1 : b_1 = a_2 : b_2 = d : k \tag{8}$$

mit

$$a + b = c \tag{9}$$

Sämtliche Leitern für $A : K_n$ und die z-Leiter haben also die gleiche horizontale Unterteilung. Die im nächsten Abschnitt durchgeführte Berechnung dieser Teilung beruht auf der Gesetzmäßigkeit

$$d : (k + d) = a : (b + a) \tag{10}$$

Kombination der Formeln (9) und (10) ergibt

$$a = c \cdot \frac{d}{k + d}$$

oder

$$a = \frac{c \cdot {}^{d}/_{k}}{1 + {}^{d}/_{k}}$$

Tab. 1. Teilung für die Leitern $D + \Sigma M : K$ und $A : K_n$ nach Formel (12)

Wertepaare a, z für c = 20 cm

a [cm]	z	a [cm]	z
1,818	1,0	10,698	11,5
2,609	1,5	10,909	12,0
3,333	2,0	11,111	12,5
4,000	2,5	11,304	13,0
4,615	3,0	11,489	13,5
5,185	3,5	11,667	14,0
5,714	4,0	12,000	15,0
6,207	4,5	12,308	16,0
6,667	5,0	12,857	18,0
7,097	5,5	13,333	20,0
7,500	6,0	13,750	22,0
7,879	6,5	14,118	24,0
8,235	7,0	14,444	26,0
8,571	7,5	14,737	28,0
8,889	8,0	15,000	30,0
9,189	8,5	15,556	35,0
9,474	9,0	16,000	40,0
9,744	9,5	16,667	50,0
10,000	10,0	17,143	60,0
10,244	10,5	17,778	80,0
10,476	11,0	18,182	100,0

Tab. 2. Schnittpunkte der Leitern für das betriebliche Mächtigkeitsverhältnis $A : K_n$ (1 ... 8 Flöze bzw. Flözteile) mit den Leitern für K und $D + \Sigma M$

Anzahl der Flöze bzw. Flözteile	Schnittpunkt mit der Leiter für K		Schnittpunkt mit der Leiter für D + ΣM	
	in m	in mm der Zeichnung (l_1 = 20 mm)	in m	in mm der Zeichnung (l_2 = 2 mm)
1	0,65	13	− 0,4	− 0,8
2	1,45	29	− 1,2	− 2,4
3	2,25	45	− 2,0	− 4,0
4	3,05	61	− 2,8	− 5,6
5	3,85	77	− 3,6	− 7,2
6	4,65	93	− 4,4	− 8,8
7	5,45	109	− 5,2	− 10,4
8	6,25	125	− 6,0	− 12,0

Unter Verwendung der Formeln (3), (4) und (5) kann man schreiben

$$a = \frac{c \cdot \dfrac{l_2 y}{l_1 x}}{1 + \dfrac{l_2 y}{l_1 x}} = \frac{c \cdot \dfrac{l_2}{l_1} z}{1 + \dfrac{l_2}{l_1} z}$$

oder

$$a = \frac{c \cdot z}{l_1/l_2 + z} \tag{11}$$

Man hat sich lediglich den Abstand c der beiden äußeren Leitern und die Maßstabfaktoren auf diesen Leitern fest vorzugeben, um für jedes beliebige z das zugehörige a zu berechnen oder umgekehrt. Formel (11) bildet somit die Grundformel für die Teilung der Leiter $(D + \Sigma M) : K$ und aller Leitern $A : K_n$.

Für die praktische Herstellung der Fluchtlinientafel wurden folgende Werte gewählt:

$$c = 20 \text{ cm} \qquad l_1 = 20 \text{ mm} \qquad l_2 = 2 \text{ mm}$$

Die äußeren Leitern wurden so gezeichnet, daß die K-Werte von 0 bis 20 den Werten für $D + \Sigma M$ von 200 bis 0 gegenüberliegen. Formel (11) geht dann über in

$$a = \frac{20 \cdot z}{10 + z} \tag{12}$$

Tab. 1 enthält die Wertepaare a, z für spezielle z, die in der Fluchtlinientafel (Abb. 4) berücksichtigt worden sind. Dazwischenliegende z-Werte müssen interpoliert werden. Für den besonders interessierenden mittleren Bereich ist mit guter Näherung lineare Interpolation möglich.

Die Fluchtlinientafel hätte man auch auf rein geometrischem Wege herstellen können. Verbindet man nämlich den Punkt K = 10 mit den Punkten $D + \Sigma M$ = 10; 20; 30 . . . . ., so erhält man auf der Geraden $(D + \Sigma M) : K$ die Schnittpunkte, die mit 1; 2; 3 . . . . . beziffert werden müssen.

Die Geraden für das betriebliche Mächtigkeitsverhältnis $A : K_n$ haben je nach Anzahl der Flöze bzw. Flözteile verschiedene Lage. Ihre Schnittpunkte mit den äußeren Leitern für K und $D + \Sigma M$ wurden unter der Annahme berechnet, daß der Kohleverlust am Liegenden des untersten Flözes (bzw. Flözteiles) 0,25 m und am Hangenden und Liegenden der weiteren Flöze 0,40 m beträgt. Tab. 2 enthält diese Werte für bis zu acht Flöze bzw. Flözteile.

Es ist ohne weiteres möglich, durch Wahl eines anderen Maßstabes oder durch Verschieben von Leitern weitere Fluchtlinientafeln, die etwa für größere Teufen geeignet sind, zu konstruieren.

Anwendungsmöglichkeiten der Fluchtlinientafel

Nach dem im vorhergehenden Abschnitt dargelegten Konstruktionsprinzip liegen einander zugeordnete Werte der drei Veränderlichen K, $D + \Sigma M$ und $(D + \Sigma M) : K$ bzw. K, $D + \Sigma M$ und $A : K_n$ auf einer Geraden. Sind also zwei der genannten Größen bekannt, so läßt sich die dritte näherungsweise bestimmen.

1. Beispiel

Gegeben sind die Mächtigkeiten

$$\begin{aligned} K &= 15{,}0 \text{ m} \\ D &= 96{,}0 \text{ m} \\ M_1 &= 12{,}4 \text{ m} \\ M_2 &= 4{,}6 \text{ m} \\ M_3 &= 7{,}0 \text{ m} \end{aligned}$$

Die Anzahl der Flöze bzw. Flözteile beträgt also 4 und

$$D + \Sigma M = 120{,}0 \text{ m}$$

Man findet als Schnittpunkt der (in Abb. 4 als Beispiel eingetragenen) Fluchtgeraden mit der Geraden IV den Wert $A : K_n = 10{,}3$ und entsprechend $(D + \Sigma M) : K = 8{,}0$ auf der Leiter für $(D + \Sigma M) : K$.

2. Beispiel

Zwei Kohlenflöze mit 3,0 m und 8,0 m Mächtigkeit liegen übereinander ($K = 11{,}0$ m). Wie groß darf $D + \Sigma M$ sein, damit $A : K_n \leqq 10{,}0$ wird?

Die Fluchtlinie von $K = 11{,}0$ m über den Punkt 10 der Geraden II ergibt $D + \Sigma M = 95{,}3$ m. $D + \Sigma M$ darf höchstens 95,3 m betragen.

3. Beispiel

Gegeben ist $K = 15{,}0$ m bei vier Flözen und ein Verhältnis $A : K_n = 10{,}3$. Wie groß ist das zugehörige geologische Mächtigkeitsverhältnis $(D + \Sigma M) : K$?

Man verlängert die Gerade von $K = 15{,}0$ über den Punkt 10,3 der Leiter IV bis zur Leiter für $(D + \Sigma M) : K$ und findet $(D + \Sigma M) : K = 10{,}0$.

Über die Genauigkeit der graphischen Methoden ist folgendes zu sagen: Bereits die verwendeten Meßergebnisse K, D, M_1, M_2 usw. sind mit absoluten Fehlern von je $\pm 0{,}1$ m behaftet, ihr Quotient $(D + \Sigma M) : K$ entsprechend mit größeren Fehlern.

Beispiel: $D = 50$ m; $M_1 = 20$ m; $M_3 = 20$ m
$K = 15$ m; $M_2 = 20$ m; $M_4 = 10$ m
(5 Flöze)

$$\frac{D + \Sigma M}{K} = \frac{120}{15} = 8$$

$$\frac{50{,}1 + 20{,}1 + 20{,}1 + 20{,}1 + 10{,}1}{15 - 5 \cdot 0{,}1} = \frac{120{,}5}{14{,}5} = 8{,}3$$

Es entstehen, insbesondere für kleine K-Werte und mehrere Flöze, schon absolute Fehler für $(D + \Sigma M) : K$, die mehrere Einheiten der ersten Dezimalen ausmachen. Demgegenüber fallen bei sorgfältig gezeichneter Fluchtlinientafel die Ablesefehler nicht ins Gewicht.

Zusammenfassung

Bei umfangreichen Auswertungsarbeiten ist die Anwendung von graphischen Methoden zur Ermittlung von Kennziffern zweckmäßig. Im vorliegenden Beitrag wird gezeigt, wie das geologische und betriebliche Mächtigkeitsverhältnis mit Hilfe einer Fluchtlinientafel ermittelt werden kann. Hiermit wird der Zeitaufwand für die notwendigen Berechnungen mindestens um die Hälfte vermindert.

Резюме

При объемистых аналитических работах целесообразно применять графические методы определения показателей. В данной статье показывается, как можно определить геологическое и эксплуатационное соотношение мощностей при помощи номограммы из выравненных точек. Этим расход времени на необходимые расчеты уменьшается по крайней мере наполовину.

Summary

Comprehensive works of evaluation make graphic methods a suitable aid for the determination of indexes. The present article shows the determination of the geological and operating ratio of thickness by means of a nomographic diagram. It cuts the time required for the necessary calculations at least by half.

Literatur

HOFFMANN, A.: Die Braunkohlenvorräte des Deutschen Reiches. — Preuß. geol. Landesanst., Archiv für Lagerstättenforschung, Heft 61, Berlin 1935.

HOLLWEG, G.: Die Neufassung der Begriffsbestimmungen für den Braunkohlentagebau (Beilage: Begriffsbestimmungen für den Braunkohlentagebau). — Freiberger Forsch.-H., A 96, Akademie-Verlag, Berlin 1958.

LUCKEY, P.: Nomographie. — B. G. Teubner, Leipzig 1949.

Großversuche zur Ermittlung gesteinsphysikalischer Kennwerte für natürliche Dammbaustoffe[1]

(Mitteilung Nr. 149 aus dem VEB Geologische Erkundung Süd, Freiberg, Sa.)

HANS HÄNICHEN, Freiberg (Sa.)

1. Einleitung

Die wirtschaftliche Baudurchführung von Speichervorhaben in Dammbauweise ist neben den Baugrundverhältnissen an der Sperrstelle vor allem von einer wirtschaftlichen Gewinnung geeigneter natürlicher Dammbaustoffe abhängig. Während noch vor wenigen Jahrzehnten im Speicherbau die Massivmauer vorherrschte, steht nunmehr der Bau auch von großen Staudämmen im Vordergrund. Diese Entwicklung ist vorrangig auf den Einsatz von Großgeräten bei der Massengewinnung, dem Transport, der Dammschüttung und der Verdichtung der Dammbaustoffe zurückzu-

[1]) Eingang des Manuskripts in der Redaktion: 22. 7. 1963

Abb. 1. Anordnung eines Scherversuchs mit Betonauflast

führen. Nicht unmaßgeblich ist dabei die Einführung neuer Abdichtungsverfahren, aber auch ungünstige Baugrundverhältnisse führen immer mehr zur Dammbauweise. Bei dem heutigen Stand der Technik wird somit aus wirtschaftlichen Überlegungen heraus in vielen Ländern dem Dammbau gegenüber einer Sperrmauer der Vorzug gegeben.

Die Ermittlung gesteinsphysikalischer Kennwerte zur Beurteilung der Eignung natürlichen Baustoffs als Dammschüttmaterial oder für Dichtungszwecke ist für die Bemessung des Dammkörpers, insbesondere für die Ausbildung der Böschungsneigungen, von ausschlaggebender Bedeutung. An feinkörnigem, homogenem Material lassen sich durch Laboruntersuchungen die für die Berechnung der Standsicherheit des Dammes notwendigen gesteinsphysikalischen Kennwerte recht einfach und mit ausreichender Genauigkeit ermitteln. Für grobkörniges, steiniges Material ist eine labormäßige Untersuchung nach den üblichen Methoden nicht möglich, so daß nur durch Großversuche im Gelände hinreichend genaue Kennwerte ermittelt werden können. In vorliegender Arbeit soll über die Durchführung von Großversuchen im Gelände und deren Auswertung berichtet werden.[2])

II. Bauvorhaben, Massengewinnung

In einem kleinen Seitental der Weißen Elster, unweit der Ortschaft Berga, ist die Anlage eines Industrieabwässerstapelbeckens vorgesehen. Der Beckeninhalt beträgt rund 400000 m³. Als Abschluß soll ein Steinschüttdamm von rund 40 m Höhe und ca. 130 m Länge dienen. Die Abdichtung des Sperrkörpers erfolgt durch Lehmkern. Die Kubatur des Dammes beträgt überschlägig 170000 m³, wobei rund 30000 m³ auf Dichtungsmassen entfallen.

In näherer und weiterer Umgebung der Sperrstelle stehen altpaläozoische Schiefergesteine an, die eine Fläche von weit mehr als 100 km² einnehmen und an Taleinschnitten, in Senken und auf Bergkuppen vielfach bloßgelegt sind. Die Schieferserie besteht im wesentlichen aus Tonschiefern, gelegentlich mit quarzitischen Einlagerungen, aus phyllitischen Tonschiefern, Kiesel- und Alaunschiefern. In diese Serie können paläovulkanische Eruptiva und Tuffe eingeschaltet sein.

Eine wirtschaftliche Gewinnung von Steinschüttmassen kommt nur bei den phyllitischen Tonschiefern in Betracht, da durch die Unwegsamkeit des Geländes und wegen der allgemeinen örtlichen Verhältnisse ein Abbau massiger Gesteine (Diabase), die wegen ihrer Widerstandsfähigkeit und ihrer kubischen Bruchform für Steinschüttzwecke weit besser geeignet sind, entfallen muß. In unmittelbarer Nähe der Sperrstelle wurde ein Komplex phyllitischer Tonschiefer durch Bohrungen und Schürfe erkundet. An den Proben sind gesteinstechnische Untersuchungen durchgeführt worden. Sie erbrachten folgende Werte:

Versuchsreihe	1	2	3
Rohwichte (p/cm³)	2,706	2,696	2,666
Reinwichte (p/cm³)	2,796	2,779	2,804
Wasseraufnahme (Gewichts-%)	0,505	0,470	0,815
Scheinbare Porosität (Raum-%)	1,662	1,835	2,982
Wahre Porosität (Raum-%)	2,700	3,100	4,200
Dichtigkeitsgrad	0,973	0,969	0,958

Die Frostbeständigkeitsprüfungen zeigten keine merklichen Veränderungen des Gesteins. Lediglich beim Kristallisationsversuch konnte stellenweise eine geringfügige Absonderung kleiner Gesteinsblättchen festgestellt werden.

Durch tektonische Vorgänge und Verwitterungseinflüsse bedingt und durch die Sprengwirkung begünstigt, ergab sich beim Abbau des Schiefermaterials in einem

²) Einen wesentlichen Anteil an der Versuchsvorbereitung und Durchführung der Großversuche hat Herr Dipl.-Ing. Kums, Karl-Marx-Stadt.

Abb. 2. Dammprofil-Unterteilung des Dammkörpers in verschiedene Dammzonen und Böschungsneigungen entsprechend den Versuchsergebnissen

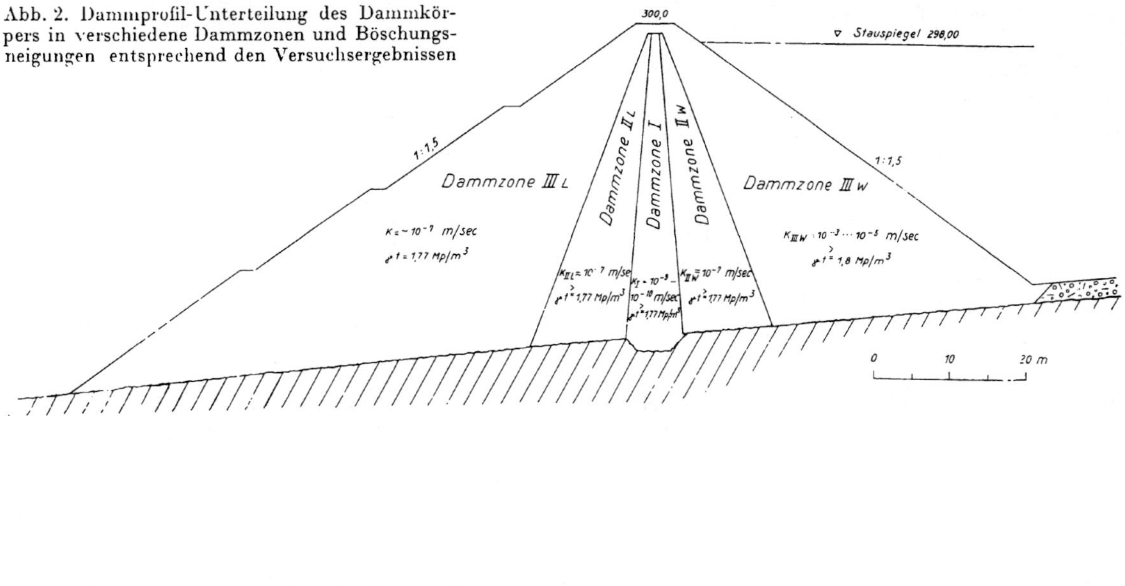

neuangelegten Steinbruch ein erhöhter Anteil relativ kleinkörnigen Materials mit ziemlich hohem Schluffanteil. Die Kleinkörnigkeit, die ausgeprägte Plattigkeit des Schiefermaterials und der Feinkornanteil gaben Veranlassung, durch Großversuche die erforderlichen Kennwerte zur Konstruktion des Dammkörpers und zur Berechnung der Standsicherheit des Dammes zu ermitteln.

III. Scherversuche im Gelände

1. Versuchsanordnung

Zur Bestimmung des Winkels der inneren Reibung an verschiedenartigem Gesteinsmaterial wurde ein Scherkasten angefertigt. Er besteht aus einem Stahlrahmen von 0,50 m Höhe, 2,00 m Breite und 3,00 m Länge (Scherkasteninhalt 3,00 m³). Der Scherkasten wird durch ein Drahtseil, das in gleicher Höhe an zwei Eckpunkten des Scherkastens befestigt ist, mit einer Seilwinde verbunden. Zwischengeschaltet ist ein Kraftmesser. Scherkasten, Drahtseil, Kraftmesser und Seilwinde sind in horizontaler Ebene angeordnet. Zur rückwärtigen Verankerung der Seilwinde, die bei der Versuchsdurchführung fest stehen muß, wurde eine schwere Planierraupe angekoppelt (Abb. 1).

Um den Winkel der inneren Reibung auch unter Belastung des Versuchsmaterials zu bestimmen, wurden, regelmäßig auf den Scherkasteninhalt verteilt, Betonbalken aufgelegt. Die Auflast betrug zunächst 2,64 Mp und wurde bis auf 5,20 Mp gesteigert.

2. Versuchsdurchführung

Die Konstruktion des Dammkörpers sieht an der Wasserseite (Abb. 2) grobes Steinschüttmaterial vor, während zum Kern hin als Übergangszone gemischtbindiges, steiniges Verwitterungsmaterial in das Dammprofil eingebaut wird. Es wurden deshalb Scherversuche mit grobem Steinschüttmaterial (plattigem Tonschiefer) und mit Material aus den Verwitterungspartien durchgeführt. Für den Scherversuch Nr. 1 mit phyllitischem Tonschiefer wurde das gesamte in den Scherkasten eingebrachte Steinmaterial nach Versuchsende gewogen, während von dem Verwitterungsmaterial aus zehn Proben ein Durchschnittswert der Rohwichte γ_m ermittelt wurde, so daß daraus das Gewicht des Scherkasteninhalts bestimmt werden konnte. Von dem Versuchsmaterial eines jeden Scherversuchs wurde eine Kornverteilungskurve aufgestellt, von dem bindigen Material der Wassergehalt bestimmt und auf die Gesamtmenge des Versuchsmaterials umgerechnet.

Das Versuchsmaterial wurde unter den gleichen Bedingungen wie bei der Dammschüttung, d. h. Einhaltung der Schütthöhen und gleiche Verdichtung, eingebracht. Die Abscherung erfolgte, abgesehen vom Scherversuch Nr. 2, jeweils auf dem gleichen Material, aus dem das Versuchsmaterial bestand. Nach Abschluß der Vorbereitungsarbeiten wurde die mit Hand betätigte Seilwinde langsam und kontinuierlich in Tätigkeit gesetzt. Die Zugkraft am Kraftmesser zwischen Scherkasten und Seilwinde und der Verschiebungsbetrag des Scherkastens wurden fortlaufend abgelesen. Vor Aufbringen der Auflast von Betonbalken wurde die Seilwinde jeweils entlastet und nach Abschluß eines jeden Versuchs die Zusammendrückung des Versuchsmaterials in Scherrichtung gemessen.

3. Auswertung der Scherversuche

Der Reibungsbeiwert errechnet sich aus dem Reibungsgewicht und der aufgewandten Scherkraft. Es gelten folgende Beziehungen:

$$\mu = \frac{Z}{G}$$

μ = Reibungsbeiwert (Winkel der inneren Reibung)
$Z = Z_1 - Z_2$
Z = Scherkraft des Versuchsmaterials in Abhängigkeit vom Reibungsgewicht „G" und der Verschiebung „s" des Scherkastens
Z_1 = Am Zugkraftmesser abgelesene Zugkraft [Mp]
Z_2 = Erforderliche Zugkraft [Mp] für den leeren Scherkasten ($Z_2 = 0{,}400$ Mp)
G = Reibungsgewicht [Mp]
G_1 = Reibungsgewicht unter Auflast [Mp]
G_2 = Reibungsgewicht unter erhöhter Auflast [Mp]
s = Scherkastenverschiebung [cm]

Bei der Berechnung des Reibungsbeiwertes wurde das Reibungsgewicht des Scherkastens vernachlässigt, da μ etwa 1 ist und sich somit kaum auf den ermittelten Wert auswirkt.

S c h e r v e r s u c h N r. 1: plattiger phyllitischer Tonschiefer der Dammzone III

Scherkasteninhalt 3,00 m³; Scherfläche 6,00 m² zu Versuchsbeginn; Scherfläche ~ 5,50 m² zu Versuchsende. Zusammendrückung in Scherrichtung $\Delta l = 25$ cm. Gewicht des Versuchsmaterials 4,240 Mp.

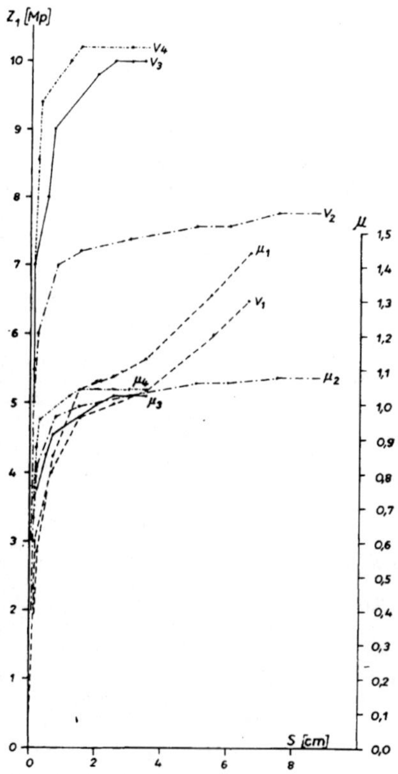

Abb. 3. Graphische Auswertung des Scherversuchs Nr. 1 mit plattigem Tonschiefermaterial

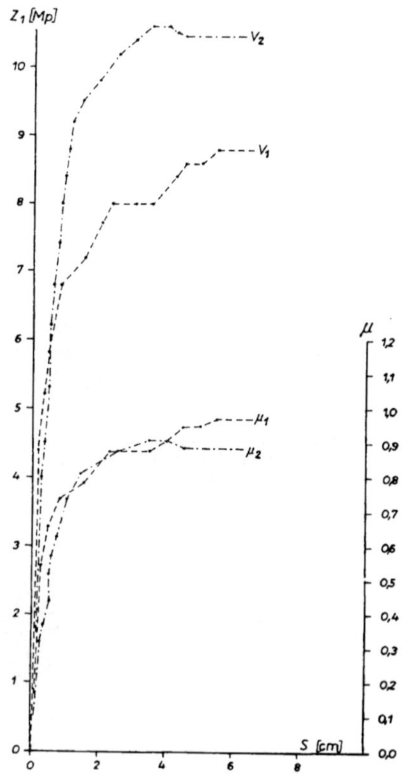

Abb. 4. Graphische Auswertung des Scherversuchs Nr. 2 mit plattigem Tonschiefermaterial auf gemischtbindigem, steinigem Untergrund

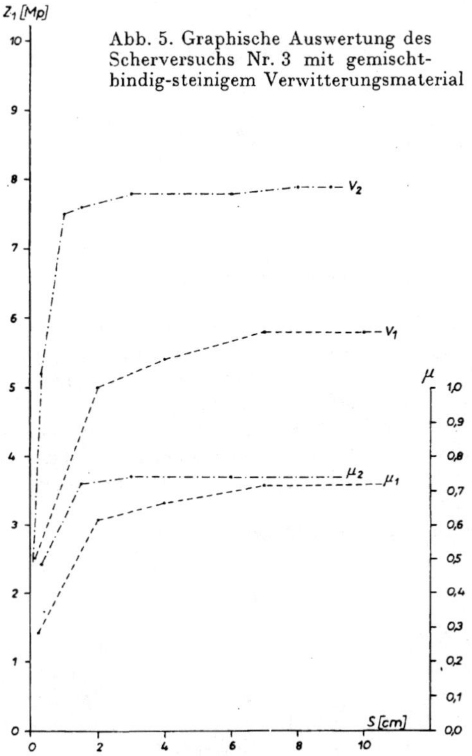

Abb. 5. Graphische Auswertung des Scherversuchs Nr. 3 mit gemischt-bindig-steinigem Verwitterungsmaterial

Versuch 1: ohne Belastung des Versuchsmaterials
Versuch 2: Belastung 2,640 Mp (Winde wurde vor Zugbeginn wieder entlastet)
Versuch 3: Belastung 5,200 Mp (Winde wurde vor Zugbeginn wieder entlastet)
Versuch 4: Nach Beendigung des Versuches 3 wurde die Winde entlastet und erneut angezogen (Abb. 3)

Scherversuch Nr. 2: plattiger phyllitischer Tonschiefer auf gemischtbindigem, steinigem Untergrund abgeschert

Scherkasteninhalt 3,00 m³; Scherfläche 6,00 m². Gewicht des Versuchsmaterials 4,790 Mp.

Versuch 1: Belastung mit 2,640 Mp
Versuch 2: Belastung mit 5,200 Mp (Winde wurde vor Zugbeginn wieder entlastet) (Abb. 4)

Scherversuch Nr. 3: gemischtbindiges, steiniges Verwitterungsmaterial (angefeuchtet) der Dammzone II

Scherkasteninhalt 3,00 m³; Scherfläche 6,00 m² zu Versuchsbeginn; Scherfläche 5,90 bzw. 5,884 m² zu Versuchsende. Zusammendrückung in Scherrichtung Δl 5,2 bzw. 6,0 cm. Gewicht des Versuchsmaterials 6,020 Mp ($\gamma_m = 1{,}98$, Wassergehalt $W_m = 10{,}1\%$).

Versuch 1: Belastung mit 2,64 Mp
Versuch 2: Belastung mit 5,20 Mp (Winde wurde vor Zugbeginn wieder entlastet)

Für die Berechnung der Scherfestigkeit bei bindigem Material ist das COULOMBsche Gesetz, das die Kohäsion berücksichtigt, maßgebend. Infolge des geringen Bindigkeitsgrades wurde auch beim Scherversuch Nr. 3 die Kohäsion in die Berechnung nicht einbezogen (Abb. 5).

Die im Großversuch ermittelten Reibungsbeiwerte lassen recht eindeutig einen unmittelbaren Zusammenhang zwischen der Ausbildung des Materials und der Größe des Reibungswinkels erkennen. Die Abhängigkeit zwischen aufgewandter Scherkraft und Verschiebung spiegelt sich im Kurvenverlauf des Reibungswinkels wider. Der Grenzwert des Reibungswinkels wird durch den waagerechten Kurvenverlauf gekennzeichnet; auch bei Erhöhung der Zugkraft erfolgt keine Zunahme der Reibungswinkelgröße. Ein sehr steiler Kurvenverlauf zeigt sich im allgemeinen bis zu einem Verschiebungsbetrag von 1 cm, um in eine auffallende Verflachung (Knickpunkt) der Kurve überzugehen. Bemerkenswerterweise ist bei geringer Auflast eine allgemeine Erhöhung der Reibung festzustellen. Dies trifft aber nicht generell zu. Durch erweiterte Scherversuche muß der Zusammenhang zwischen Größe der Auflast und Veränderung des Reibungswinkels noch eingehend geklärt werden.

Die in tabellarischer Form aus den Scherversuchen zusammengestellten Reibungswinkel sollen einen Vergleich der einzelnen Versuchswerte ermöglichen und die in die Standsicherheitsberechnung des Staudamms eingehenden Reibungsbeiwerte aufzeigen.

	Auflast μ	Verschiebung 0,5 cm	Verschiebung 1,0 cm	Knickpunkt	Grenzwert
Scherversuch Nr. 1	Mp 0,00 μ_1	0,71	0,93	1,04	1,44
	Mp 2,64 μ_2	0,90	0,97	0,96	1,07
	Mp 5,20 μ_3	0,85	0,93	0,91	1,02
	Mp μ_4	0,96	1,00	0,95	1,04
Scherversuch Nr. 2	Mp 2,64 μ_1	0,34	0,44	0,62	0,72
	Mp 5,20 μ_2	0,52	0,63	0,72	0,75
Scherversuch Nr. 3	Mp 2,64 μ_1	0,66	0,75	0,81	0,96
	Mp 5,20 μ_2	0,55	0,74	0,74	0,89

Daraus ergeben sich für die Standsicherheitsberechnung folgende Werte:

Scherversuch Nr. 1: plattiger, phyllitischer Tonschiefer
$\mu = 0{,}90 - 1{,}00$

Scherversuch Nr. 2: plattiger, phyllitischer Tonschiefer auf gemischtbindigem Untergrund
$\mu = 0{,}60 - 0{,}70$

Scherversuch Nr. 3: gemischtbindiges, steiniges Verwitterungsmaterial
$\mu = 0{,}80 - 0{,}90$

Zur Charakterisierung des Versuchsmaterials und zur Kontrolle des in den Dammkörper eingebauten Materials wurden Kornverteilungskurven aufgestellt (Abb. 6).

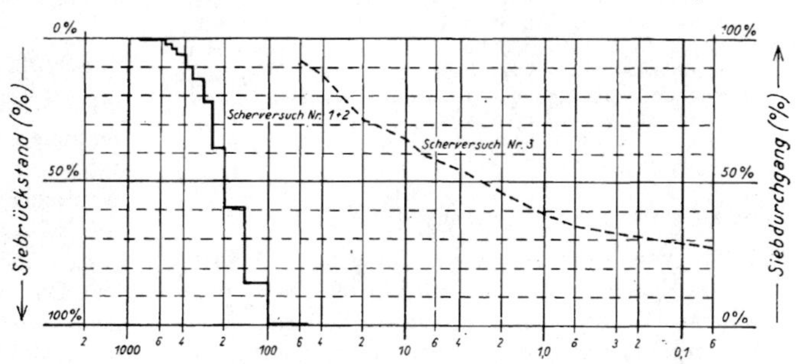

Abb. 6. Kornverteilung des Materials der Scherversuche Nr. 1 bis 3

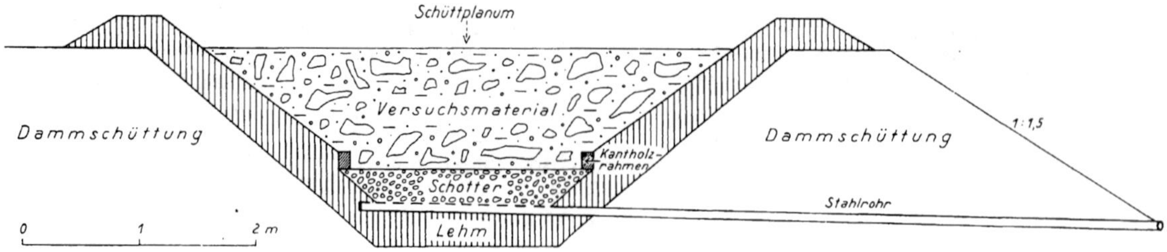

Abb. 7. Versuchsanordnung zur Bestimmung der Durchlässigkeit

IV. k-Wert-Bestimmung im Gelände

Die aus den Scherversuchen ermittelten Reibungsbeiwerte haben ergeben, daß das phyllitische Tonschiefermaterial und dessen Verwitterungsprodukte eine wirtschaftliche Dammkonstruktion ermöglichen. Für die Berechnung der Standsicherheit des Dammes können aber die Reibungsbeiwerte allein nicht ausschlaggebend sein. Die Durchlässigkeit des Dammbaumaterials und damit eine eventuelle Erosionswirkung sind vielmehr ein weiteres Kriterium der Standsicherheit. Eine hinreichend genaue Bestimmung des Durchlässigkeitsbeiwertes k ist wegen der Ausbildung des Materials nach den üblichen Untersuchungsmethoden im Laboratorium nicht möglich, so daß Durchlässigkeitsbestimmungen im Gelände notwendig wurden. Der wasserseitige Bereich des Dammkörpers (Dammzone III_w) muß zur Vermeidung eines hohen Porenwasserüberdrucks stark durchlässig ausgebildet werden, da die Absenkgeschwindigkeit des Beckenspiegels bei $1{,}7 \cdot 10^{-5}$ m/sec liegt, während die inneren Dammzonen in ihrer Durchlässigkeit jeweils etwa zwei Zehnerpotenzen niedriger liegen sollen. Da das zur Dammschüttung verwandte Tonschiefermaterial augenscheinlich nicht diesen Anforderungen entsprach, mußte der Nachweis durch geeignete Versuche geführt werden.

1. Versuchsanordnung

Im Zug der Dammschüttung ist eine Fläche von 2×1 m mit einer etwa 30 cm starken, gut verdichteten Lehmschicht zu überziehen. Unter dem natürlichen Schüttwinkel wird die Dammschüttung seitlich bis zur lehmbedeckten Grundfläche lagenweise fortgeführt. Die an der Grundfläche seitlich angrenzende Dammschüttung ist gleichfalls mit einer gut verdichteten, von Hand gestampften Lehmschicht zu überziehen und ein Lehmwall rings um die somit geschaffene Grube aufzuwerfen. Die Sohle der Grube wird mit einer Schotterschicht aufgefüllt. An ihrer Basis liegt ein halbgelochtes Stahlrohr, das nach außen bis zur Dammböschung geführt wird. Damit eine genaue Abmessung der Durchsickerungsfläche des über der Schotterschicht einzubringenden Versuchsmaterials erzielt werden kann, wird oberhalb der Schotterschicht ein Kantholzrahmen eingebracht, dessen lichte Weite 2×1 m beträgt (Abb. 7). Das Versuchsmaterial, dessen Durchlässigkeitsbeiwert bestimmt werden soll, muß unter den gleichen Bedingungen wie bei der normalen Dammschüttung in die Versuchsgrube eingebaut werden, d. h., Schütthöhen und Verdichtung im Versuch entsprechen denen der Dammschüttung.

2. Versuchsdurchführung und Auswertung

Auf das von einem Lehmwall umgebene Schüttplanum des Versuchsmaterials wird Wasser aufgegeben. Die laufende Wasserzugabe erfolgt so, daß sich über dem Schüttplanum ein Wasserstand von einigen Zentimetern einstellt. Am Abflußrohr wird die abfließende Wassermenge in der Zeiteinheit gemessen. Nach einer gewissen Zeit, die von der Durchlässigkeit des Materials abhängig ist, wird sich eine in der Zeiteinheit konstante Wasserabflußmenge einstellen. Bei dem eingebauten Versuchsmaterial der Dammzone III_w (siehe Abb. 2) wurde ein Durchfluß von 2 l/s ermittelt. Das Material war unverdichtet. Das gleiche Material in stark verdichtetem Zustand ergab eine Durchflußmenge von 0,04 l/s.

Nach DARCY errechnet sich

$$k = \frac{Q}{F \cdot i \cdot t}$$

wobei Q die gemessene Durchflußmenge in cm^3, t die Durchflußzeit in Sekunden, F der durchflossene Bruttoquerschnitt in cm^2 und i das Gefälle ist. Für den unverdichteten plattigen Tonschiefer der Dammzone III_w konnte ein Durchlässigkeitsbeiwert von $k = 1{,}0 \cdot 10^{-3}$ m/s und in verdichtetem Zustand von $k = 2{,}0 \cdot 10^{-5}$ m/s ermittelt werden. Bei den genannten Werten muß berücksichtigt werden, daß bei der beschriebenen Versuchsanordnung eine exakte Ermittlung des Druckgefälles nicht möglich war. Das Druckgefälle ist sicher geringer, so daß sich die ermittelten k-Werte um eine Zehnerpotenz erhöhen dürften. In jedem Falle beinhalten die Versuchswerte somit eine gewisse Sicherheit. Die ohne großen Zeitaufwand durchgeführten Versuche ermöglichen eine hinreichend genaue Bestimmung der Durchlässigkeit der für den Dammbau verwendeten Schüttmaterialien und sind ein Teil der Grundlagen für die konstruktive Ausbildung des Dammkörpers. Bei plattigem Gesteinsmaterial muß künftig bei Durchlässigkeitsversuchen beachtet werden, daß die Durchlässigkeit vertikal zur Einregelungsebene der Gesteine wesentlich geringer als horizontal ist. Das Verhältnis beider Durchlässigkeiten $k_v : k_h$ kann 1:20 bis 1:30 betragen. Die in Abb. 3 eingetragenen Durchlässigkeitsbeiwerte der äußeren Dammzone resultieren aus den beschriebenen Versuchen im Gelände.

V. Schlußfolgerungen

Die Großversuche zur Bestimmung des Winkels der inneren Reibung und des Durchlässigkeitsbeiwerts haben gezeigt, daß der Bau eines Steinschüttdamms bei entsprechender konstruktiver Gestaltung des Dammprofils auch mit einem ausgesprochen schiefrig-plattigen Gesteinsmaterial möglich ist. Unter Berücksichtigung der Durchströmungsverhältnisse des Dammkörpers, der Absenkungsgeschwindigkeit des Beckenspiegels und der Ausbildung des für die Dammschüttung ausgewählten Gesteinsvorkommens wurde der Dammkörper in verschiedene Zonen aufgeteilt, die jeweils durch bestimmte gesteinsphysikalische Kennwerte gekennzeichnet werden.

Eine wirtschaftliche Baudurchführung eines Speichervorhabens in Dammbauweise ist unmittelbar abhängig von der Entfernung des Gewinnungsorts der natürlichen Dammbaustoffe zur Sperrstelle. Sie ist weiterhin abhängig von der Eignung des Gesteinsvorkommens für Dammschüttzwecke. Dazu bedarf es der Ermittlung gesteinsphysikalischer Kennwerte, die für die Bemessung der Böschungsneigungen des Dammkörpers und damit zusammenhängend der Festlegung der Dammkubatur auch in wirtschaftlicher Hinsicht von großer Bedeutung sind. So konnte bei dem beschriebenen Dammkörper für das augenscheinlich für Dammschüttzwecke wenig oder nur bedingt geeignete Gesteinsmaterial nach den in Großversuchen gemessenen Reibungswinkeln eine relativ steile Böschungsneigung von 1:1,5 vorgesehen werden. Damit ergibt sich gegenüber den Vorstellungen vor der Versuchsdurchführung eine wesentliche Einsparung an Dammkubatur.

Resultierend aus den Ergebnissen der Großversuche sollte die Schlußfolgerung gezogen werden, daß wohl jedes Gesteinsmaterial, sofern es nicht zu Auslaugungen neigt oder wenig widerstandsfähig ist und sich schnell zersetzt, für Dammschüttzwecke unter bestimmten Einbaubedingungen geeignet ist. Der Nachweis muß durch entsprechende Versuche erbracht werden. Ist die laborative Bestimmung der notwendigen Kennwerte infolge der Ausbildung des Schüttgutes nicht möglich, so sind sinnvoll angeordnete Großversuche durchzuführen. Vor Beginn eines jeglichen Dammbaus sollten die in unmittelbarer Nähe der Sperrstelle vorkommenden Gesteine in dieser Hinsicht untersucht werden. Dadurch können unnötige Kosten für einen weiten Antransport von Gesteinen, die die Wirtschaftlichkeit des Bauvorhabens vielfach in Frage stellen, vermieden werden.

Zusammenfassung

Die Ermittlung gesteinsphysikalischer Kennwerte an natürlichen Dammbaustoffen für die Berechnung und Konstruktion von Staudämmen ist bei grobkörnigem, steinigem Material nach den üblichen Methoden im Laboratorium nicht möglich, so daß Großversuche im Gelände notwendig sind. Verf. beschreibt Scherversuche mit unterschiedlich ausgebildetem Gesteinsmaterial zur Bestimmung des Winkels der inneren Reibung und einen Versuch zur Ermittlung der Durchlässigkeit. Die Auswertung der Ergebnisse hat gezeigt, daß auch ein augenscheinlich für Dammschüttzwecke wenig geeignetes, plattiges Schiefergestein und dessen Verwitterungsprodukte unter bestimmten Voraussetzungen in das Dammprofil eingebaut werden können und ein wirtschaftliches Bauen gestatten. Durch zweckentsprechend angeordnete Großversuche im Gelände sollten künftig die in unmittelbarer Nähe einer Sperrstelle vorkommenden Gesteine auf ihre Eignung als Dammbaustoff untersucht werden, um dadurch unnötige Kosten für den Antransport von Schüttmaterial von vornherein auszuschließen.

Резюме

Определение показателей физических свойств природных строительных материалов для расчета и конструкции плотин невозможно обычными лабораторными методами для грубозернистых, валунных материалов, так что необходимы полевые испытания. Автор описывает испытание на сдвиг неоднородных пород для установления угла внутреннего трения, а также испытание по определению водопроницаемости. Анализ результатов показал, что и пластинчатые сланцы и продукты их выветривания, на первый взгляд мало пригодные для насыпи дамбы, можно при определенных условиях включить в профиль плотины и тем самым обеспечить экономичное возведение. Предлагается, что в будущем распространенные вблизи створа плотины породы исследуются полевыми испытаниями на их пригодность как строительные материалы для плотин, чтобы заранее исключить лишние расходы на привоз насыпных материалов.

Summary

Conventional laboratory test methods being unsuited for coarse-grained stony materials, large-scale field tests are necessary to determine rock-physical indexes of natural fill materials for the calculation and construction of dams. The author describes shearing tests of rock materials of different structure for the determination of the angle of internal friction, and deals with another test for the determination of the permeability. An evaluation of results shows that under certain conditions the profile of the dam can be filled with a platy slate rock and its weathering products of obviously low suitability for the purpose, thereby enabling an economic dam construction. For the future, rocks occurring in the immediate vicinity of a dam body should be investigated for their suitability as fill material by appropriately arranged large-scale field tests, in order to exclude from the first unnecessary costs for the transportation of fill material to the site.

Die Röntgenfluoreszenzspektralanalyse und Beispiele ihrer Anwendung in der Geologie[1)]

Helmut Fuchs & Rolf Schindler, Berlin[2)]

(Mitteilung aus dem Zentralen Geologischen Institut, Berlin)

Die Röntgenspektrometrie beruht im wesentlichen auf drei Vorgängen:

1. Erregen der Fluoreszenzstrahlung durch Röntgenstrahlen,
2. Zerlegen der Fluoreszenzstrahlung mittels eines Analysatorkristalls in die einzelnen Wellenlängenanteile,
3. Messen der Fluoreszenzstrahlungsintensität mit empfindlichen Detektoren (Abb.).

Die gemessene Strahlungsintensität ist das Maß für die Konzentration des zu untersuchenden Elementes. Gegenüber der optischen Spektralanalyse sind die Röntgenspektren linienärmer und zeigen daher weniger Überlagerungen, da lediglich mit Elektronenübergängen der K-, L- und M-Schale gearbeitet wird, wogegen die Lichtemission der optischen Spektralanalyse auf den Übergängen der äußeren Schalen beruht. Daher sind bei der optischen Spektralanalyse die Überlagerungen zahlreicher. Die Anregung durch Röntgenstrahlen bietet

[1)] Eingang des Manuskripts in der Redaktion: 25. 11. 1963.
[2)] Für die sorgfältige Ausführung der analytischen Arbeiten möchten wir Herrn W. Glosinski unseren Dank aussprechen.

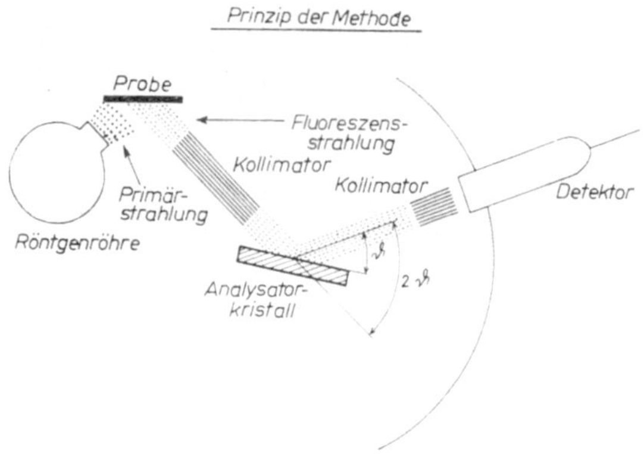

Das Prinzip des Strahlengangs bei der Röntgenfluoreszenzanalyse mit ebenem Analysatorkristall

weiterhin den Vorteil, daß das Untersuchungsmaterial unzerstört bleibt, es ist eine ,,kalte Anregung". Im allgemeinen ist auch die Genauigkeit größer als die der optischen Spektralanalyse.

Bei der Fluoreszenzanalyse setzt sich der Gesamtfehler aus

a) dem Präparationsfehler (Einwaage, Korngröße, homogene Zumischung eines inneren Standards, Bindungsart, Dichte),
b) den statistischen Schwankungen des Impulseinfalles,
c) dem Instrumentenfehler (Winkeleinstellung usw.)

zusammen. Die statistischen Schwankungen des Impulseinfalles und der Instrumentenfehler sind klein, sie bewegen sich um 0,2—0,5%. Für routinemäßige Untersuchungen kann der Gesamtfehler immer unter $\pm$ 10% gehalten werden. Spezielle Untersuchungen von Mineralien oder Gesteinen lassen sich leicht mit relativen Fehlern von $< \pm$ 5% durchführen. Der Bestimmungsbereich ist praktisch nur von der Nachweisempfindlichkeit begrenzt. Hauptkomponenten und Spurenbestandteile lassen sich gleichermaßen bestimmen. Prinzipiell können mit Röntgenspektrometern ohne Vakuum oder mit Teilvakuum die Elemente der Ordnungszahlen 22, Ti(20,Ca) bis 92,U bestimmt werden. Die leichten Elemente unter OZ 20 haben eine langwellige Fluoreszenzstrahlung, die auf dem Wege zum Zählrohr stark von Luft und dazwischenliegenden Folien absorbiert wird. Das betrifft Wellenlängen > 3 Å ($Ca_{K_\alpha} = 3{,}360$ Å). Mit Vakuum und Durchflußzähler lassen sich bei 100 kV Röhrenanregungsspannung Wellenlängen von 0,1 bis 10,6 Å nachweisen, d. h. die Elemente U—Mg, Na.

Im Vergleich mit der optischen Spektralanalyse ist die Anzahl der bestimmbaren Elemente etwas geringer, und die untere Nachweisgrenze liegt durchschnittlich etwas höher. Von Gehalten unter 0,01% können röntgenspektrometrisch etwa nur zwei Drittel der spektralanalytisch noch bestimmbaren Elemente erfaßt werden und unterhalb 0,001% nur noch ein Drittel. Günstige Voraussetzungen für die Nachweisempfindlichkeit von Elementen bieten leichtatomige Grundsubstanzen. So ist z. B. Zn in Öl bis zu 0,1 ppm nachweisbar.

Der wesentliche Vorteil der Fluoreszenzanalyse liegt in der Zerstörungsfreiheit des Untersuchungsverfahrens und in der hohen Reproduzierbarkeit sowohl im Spurenbereich als auch bei den Hauptkomponenten.

Die vor einigen Jahren bei der Einführung dieses Analysenverfahrens verbreitete Annahme, daß die Meßwerte von Matrixeffekten nicht bzw. nur wenig beeinflußt werden, hat sich leider nicht in dem vermuteten Maße bestätigt.

Auch bei der Röntgenfluoreszenzanalyse sind unterschiedliche Grundzusammensetzungen zu berücksichtigen. Sie wirken sich in erster Linie durch unterschiedliche Absorption der Primärstrahlung und der in der Probesubstanz erregten Fluoreszenzstrahlung aus. So ist es auch bei diesem physikalisch-analytischen Verfahren — gerade bei geologischem Material, das oft nur in seiner ungefähren Zusammensetzung bekannt ist — vorteilhaft, mit einem inneren Standard zu arbeiten. Von ihm sollte verlangt werden, daß seine Fluoreszenzstrahlung derselben Serie angehört (K, L) wie die des zu analysierenden Elementes. Er sollte weiterhin die gleiche Beeinflussung durch die Absorption des Untersuchungsmaterials aufweisen, also eine nur wenig unterschiedliche Wellenlänge haben und auf der gleichen Seite der Absorptionskante störender Elemente liegen. Obwohl es nicht immer möglich ist, alle diese Forderungen einzuhalten, werden die durch unterschiedliche Probenzusammensetzungen bedingten Fehlermöglichkeiten verringert.

In unserem Laboratorium steht ein Röntgenfluoreszenzgerät der Fa. C. H. F. Müller, Hamburg, zur Verfügung. Es besteht aus einem Philips-Standardspektrographen, einer Hochspannungsanlage MÜLLER-Mikro 111 und einem elektronischen Zähl- und Registriergerät[3]).

Es wird mit einer Wolframröntgenröhre, einem LiF-Analysatorkristall und einem Szintillationszähler gearbeitet. Der Szintillationszähler ist mit einem mit Tl aktivierten NaJ-Kristall ausgerüstet. Die in diesem Kristall erzeugten Lichtblitze werden in elektrische Impulse umgewandelt, verstärkt und zum Zählgerät weitergeleitet. Im langwelligen Strahlungsbereich bildet Ti und bei entsprechend hohen Konzentrationen Ca die Bestimmungsgrenze. Soll dieser Bestimmungsbereich

Tabelle

Kristall	[Å]d	Anwendungsbereich [Å]	Anwendungsbereich: leichtestes noch zu erfassendes Element	Detektor
Topas	1,356	0,35—2,35	Cr (K_α)	Szintillationszähler
LiF	2,014	0,35—3,40	Ca (K_α)	Szintillationszähler
Quarz	3,343	0,35—6,00	S (K_α)	Szintillationszähler
Penthaerythrit	4,371	1,55—8,40	Al (K_α)	
EDDT Äthylendiamin-d-Tatrat	4,404	1,55—8,40	Al (K_α)	Durchflußzähler
ADP Ammoniumdiphosphat	5,324	1,85—9,90	Mg (K_α)	Durchflußzähler
Gips	7,593	2,70—12,0	Na (K_α)	Durchflußzähler

[3]) Inzwischen haben wir die vollständige Ausrüstung des Philips-(MÜLLER-)Röntgenspektrographen erhalten, so daß wir auch Elemente unterhalb der OZ 22 bestimmen können. Die evtl. Einsatzmöglichkeiten auf dem Gebiet der Silikatanalyse sollen in einer späteren Veröffentlichung dargelegt werden.

Zeitschrift für angewandte Geologie, Bd. 10 (1964), Heft 5

erweitert werden, so sind neben dem Vakuum und einem Durchflußzähler noch Analysatorkristalle mit größerem Netzebenenabstand erforderlich. Eine Zusammenstellung der heute gebräuchlichen Kristalle und ihrer Anwendungsgebiete ist in der Tabelle gegeben.

Vor der Erörterung spezieller röntgenspektrometrischer Verfahren zur Untersuchung von geologischen Proben seien noch einige allgemeine Hinweise gegeben. Der an sich bekannte Einfluß der Korngröße des Untersuchungsmaterials auf die Intensität der Fluoreszenzstrahlung sei an Hand eines Beispieles demonstriert.

Eine bestimmte Analysenmethode war hinsichtlich ihrer Eichung abgeschlossen, und chemische Kontrollanalysen erbrachten eine gute Übereinstimmung. Die Aufbereitung der laufend eingehenden Proben mußte nun auf Anforderung der Spektralanalyse verändert werden, und zwar wurden die Proben nicht mehr $< 60\ \mu m$ aufgemahlen, sondern $< 40\ \mu m$. Die nun von diesen Proben ermittelten Metallgehalte lagen durchweg zu hoch, da die Eichung an Proben $< 60\ \mu m$ durchgeführt worden war. Für 2,5% Cu wurden z. B. 3,25% gefunden! Im allgemeinen können durch diese Korngrößenänderung Fehler von 25—30% vom absoluten Gehalt auftreten.

Besondere Aufmerksamkeit sollte man auch der Präparation des Probematerials im Probehalter schenken. Die in den Analysengang einbezogene Schicht des Probepulvers ist verhältnismäßig dünn (ca. 100 μm). Es hat sich aber herausgestellt, daß mit kleinen Probemengen, die eine derartige Schichtdicke gewährleisten, nur bei großem präparativem Aufwand reproduzierbare Ergebnisse zu erzielen sind, besonders bei Nichtanwendung eines inneren Standards. Systematische Untersuchungen unterschiedlicher Probenmengen (250 bis 4000 mg) mit gleichem Elementgehalt zeigten, daß bei einer Einwaage von 2 g Substanz gut reproduzierbare Resultate erhalten werden können, da sich mit einer solchen Einwaage leichter eine gleichmäßige Packungsdichte im Probehalter herstellen läßt.

Bestimmung von Spurenelementen in Gesteinen und Mineralien

Rb- und Sr-Bestimmung in silikatischem Material

Die Analyse auf kleine Rb- und Sr-Gehalte ist naßchemisch schwierig und zeitraubend. Es war daher naheliegend, die Röntgenfluoreszenzmethode einzusetzen. Für die quantitative Untersuchung größerer Probenserien von Tonschiefern und sandigen Sedimenten auf diese Elemente hat sich Mo als innerer Standard bewährt. WEDEPOHL (1959) empfahl Mo für die Analyse der Elemente Zr, Y, Sr, Rb und Br als inneren Standard. Die Standard- und Analysenlinien liegen nahe genug beieinander, so daß sie in gleicher Weise durch die Grundsubstanz beeinflußt werden. Der innere Standard schaltet nicht nur die Effekte, die durch die selektive Absorption hervorgerufen werden, annähernd aus, sondern auch Unterschiede in der Packungsdichte im Probehalter. Die geringen Gehalte von Mo in den meisten Gesteinen gestatten dessen Anwendung zur Bestimmung der vorgenannten Elemente in den verschiedenartigsten geologischen Materialien. Zur Analyse gelangten die K_α-Linien von Rb, Sr und Mo. Sie sind geeignet, weil sie als stärkste Nachweislinien die Erfassung kleiner Gehalte ermöglichen und im vorliegenden Untersuchungsmaterial durch andere Elemente nicht gestört werden. Von der zu untersuchenden Probe mit einer Kornfeinheit $< 60\ \mu m$ werden 1,5 g mit 0,5 g Standardmischung homogen vermischt. Die Standardmischung enthält 0,24% MoO_3.

Lithiumkarbonat wurde auf Grund seines geringen Absorptionskoeffizienten und seiner guten Vermischbarkeit als Verdünnungsmittel verwendet. Die homogenisierte Analysenprobe von insgesamt 2 g wird nun in den Probehalter gebracht, mit einem Stempel angedrückt und röntgenspektrometrisch untersucht.

Zur Eichung des Verfahrens standen keine natürlichen Proben ohne oder mit genau bekannten Rb- und Sr-Gehalten zur Verfügung, die als Grundsubstanz für die Herstellung von Eichproben hätte dienen können. Für die genannten Elemente wurden daher die Eichabstufungen auf synthetischer Granitbasis hergestellt. Das Bestimmungsverfahren wurde anhand von Proben anderer Grundzusammensetzung auf seine allgemeine Anwendbarkeit erfolgreich überprüft. Es konnte dabei gezeigt werden, daß der verwendete innere Standard die Matrixeffekte weitgehend eliminiert.

Zur Beurteilung des Analysenverfahrens für Rb und Sr mit Mo als innerem Standard wurden Fehlerrechnungen durchgeführt. Der relative mittlere Fehler für die Rb-Bestimmung beträgt $\pm$ 5,7% bei einem Gehalt von 0,0085% Rb, für die Sr-Bestimmung $\pm$ 6,7% bei einem Gehalt von 0,0046% Sr. Die Bestimmungsgrenzen für beide Elemente betragen in silikatischem Material 0,003%. Diese Angaben beziehen sich auf die Auswertung der Meßergebnisse über das Schreiberdiagramm. Die Empfindlichkeit könnte durch Impulsmessungen etwas erhöht werden.

Bestimmung von Zr und Ti in Schwermineralkonzentraten

Es bestand die Aufgabe, an Schwermineralsanden der Ostsee Analysen auf Zr und Ti durchzuführen. Der Anfall einer enormen Anzahl von Proben erforderte die Anwendung einer Schnellmethode, die die chemischen Bestimmungen zum großen Teil ersetzen konnte. Die ersten im Jahre 1960 durchgeführten Untersuchungen zeigten auch hier die gute Anwendbarkeit der röntgenspektrometrischen Methode. Für die Zr-Bestimmungen wurde im Gegensatz zu den Ti-Analysen ein innerer Standard angewandt, da — bedingt durch die Problemstellung — auf die Genauigkeit der Zr-Bestimmungen besonderer Wert gelegt wurde. Zu diesem Zweck werden die Proben mit Maizena (Maisstärke), dem 1,25% Nb zugesetzt wurde, im Verhältnis 1:1 gemischt.

Die Zr-Bestimmung kann durch die K_β-Linien von Th und Sr gestört werden. Bei einer bestimmten Konzentration dieser Elemente wird eine Korrektur notwendig. In den Schwermineralsanden der Ostsee traten jedoch im allgemeinen keine derartigen Störungen auf. An Hand einer Gegenüberstellung von zehn röntgenspektrometrischen Werten mit chemisch erhaltenen Resultaten ergab sich eine durchschnittliche Abweichung von 8,6% [4]). Die chemischen Analysen wurden über Ionenaustauscher mit kolorimetrischer bzw. gravimetrischer Endbestimmung durchgeführt.

[4]) Bei einer Konzentration von 0,15% Zr.

Cu-, Pb-, Zn-Bestimmungen im Kupferschiefer

Ein großer Teil der bisher durchgeführten Untersuchungen besteht in Cu-, Pb- und Zn-Bestimmungen an Kupferschieferproben. Die petrographisch-geologisch bedingten Unterschiede in der Zusammensetzung der Grundsubstanz dieses Materials erfordern die Anwendung eines inneren Standards. Unter Berücksichtigung der Elementführung des Kupferschiefers wurde Ge zu diesem Zweck als geeignet gefunden. Das Untersuchungsverfahren ist von OTTEMANN (1960) ausführlich dargelegt worden.

Für die Routineuntersuchungen hat sich die nomographische Auswertemethode aus dem Schreiberdiagramm bewährt. Das Intensitätsmaximum der zu messenden Fluoreszenzstrahlung wird ca. 1 min lang mit dem Schreiber registriert; dadurch erzielt man eine Mittelung der statistischen Schwankungen des Impulseinfalles. Obwohl das Meßverfahren über ein Schreiberdiagramm etwas ungenauer ist als die Impulsmessung mit dem Zählwerk, erweist es sich für routinemäßige Serienuntersuchungen als vorteilhaft, da in Form des Schreiberdiagramms ein Dokument vorhanden ist, auf das — ähnlich wie bei den Spektralplatten — jederzeit zurückgegriffen werden kann. Die Betrachtung der Reproduzierbarkeit des Verfahrens ergab für die Cu-, Pb- und Zn-Bestimmung bei Gehalten von 1—3% einen relativen mittleren Fehler von ± 0,9 bis ± 1,6%.

Sr-Bestimmung in Baryten

Zur röntgenspektrometrischen Analyse der Sr-Gehalte in Baryten wurde ein Verfahren mit Y als innerem Standard angewandt. Die Proben werden im Verhältnis 1:1 mit Lithiumkarbonat, das 1% Y enthält, gemischt. Strontium wird als $SrSO_4$ im Bereich von 0,1—8% mittels zweier Eichkurven bestimmt. Als Analysenlinien dienten Sr_{K_α} und Y_{K_α}. Der relative mittlere Fehler des Verfahrens beträgt für eine Probe mit einem Gehalt von 1,46% $SrSO_4$ ± 2,0%.

Für unsere üblichen röntgenspektrometrischen Verfahren werden im Durchschnitt 1—2 g Probensubstanz benötigt. Dies bedeutet gegenüber der optischen Spektralanalyse eine Einschränkung der Anwendungsmöglichkeiten, wenn nur äußerst geringe Substanzmengen vorhanden sind. Auf Anregung von ALEXIEV, Sofia, wandten wir in solchen Fällen eine besondere Präparationsmethode an, die noch eine Untersuchung von 20—100 mg Probemenge ermöglicht. Die eingewogene Substanz wird als Dispersion in gleichmäßiger Schichtdicke auf einen flachen Plexiglasteller aufgetragen. Wie Versuche zeigten, lassen sich derartige Präparate gut reproduzieren. Der relative mittlere Fehler der Sr-Bestimmung an Substanzmengen von 100 mg Baryt betrug für einen $SrSO_4$-Gehalt von 4,26% ± 3,2%.

Die Se-Bestimmung unter Berücksichtigung der Koinzidenz von Se_{K_α} mit der charakteristischen Strahlung einer Wolframanode

Ähnlich wie bei der Spektralanalyse treten auch bei der Röntgenfluoreszenzanalyse Koinzidenzen auf. Neben dem kontinuierlichen Bremsspektrum wird vom Anodenmaterial der jeweils verwendeten Röntgenröhre eine charakteristische Eigenstrahlung ausgesandt. In unserem Fall überlagern sich die Linien $Se_{K\alpha}$ und $W_{L\gamma l}$. Die im allgemeinen geringe Konzentration von Selen im zu untersuchenden Material gestattet nicht die Heranziehung einer ungestörten Linie mit geringerer Fluoreszenzintensität. Die Korrektur einer solchen Koinzidenz wird im folgenden kurz beschrieben: Zunächst wird der Faktor $\frac{1}{F_{Se}}$ ermittelt. Dieser Faktor wird — wie weiter unten zu ersehen ist — zur Berechnung des Korrekturbetrages für jede zu untersuchende Probe benötigt. F_{Se} stellt das Verhältnis zwischen der Linie $W_{L\beta l}$ und der Störlinie $W_{L\gamma l}$ in selenfreier Substanz dar.

$$F_{Se} = \frac{f_1}{f_2}$$

f_1 = Intensität der Linie $W_{L\beta l}$ abzüglich Untergrundstrahlung
f_2 = Intensität der Linie $W_{L\gamma l}$ abzüglich Untergrundstrahlung

Die Störlinie $W_{L\gamma l}$ wird in der selenfreien Substanz bei einem Reflexionswinkel 2Θ gemessen, der dem Intensitätsmaximum von $Se_{K\alpha}$ entspricht, da der Störeinfluß von $W_{L\gamma l}$ im Maximum der Selenfluoreszenzstrahlung festgestellt werden soll. Der Korrekturbetrag K wird aus der Intensität der $W_{L\beta l}$-Linie der jeweils untersuchten Proben, multipliziert mit dem Faktor $\frac{1}{F_{Se}}$, ermittelt.

$$K = \frac{f_{1x}}{F_{Se}}$$

f_{1x} = Intensität der Linie $W_{L\beta l}$ der zu untersuchenden Probe minus Untergrundstrahlung.

Von der gemessenen Intensität einer derart gestörten $Se_{K\alpha}$-Linie wird nun der Korrekturbetrag K in Abzug gebracht. Leider ist der Korrekturfaktor $\frac{1}{F_{Se}}$ nicht allgemein anwendbar, auch er unterliegt der Beeinflussung durch Matrixveränderungen. Die Veränderungen in der Elementzusammensetzung der Grundsubstanz üben eine unterschiedliche Absorption auf die gemessenen Wellenlängen $W_{L\beta l}$ (1,282 Å) und $Se_{K\alpha}$ (1,105 Å) aus. Es ist daher notwendig, für jede Probenserie mit einer bestimmten Zusammensetzung den Korrekturfaktor neu zu ermitteln.

Röntgenspektrometrische Homogenitätsprüfung

Ein etwas aus dem üblichen Rahmen der analytischen Tätigkeit herausfallendes Problem stellte die Homogenitätsprüfung von Gesteinspulver dar. Diese Aufgabe entstand im Zusammenhang mit der Herstellung von Standardgesteinsproben [Granit, Albitbasalt (Diabas), Tonschiefer und Kalkstein], die ähnlich wie die amerikanischen Gesteinsproben G-1 (Granit) und W-1 (Diabas) in zahlreichen Laboratorien äußerst sorgfältig analysiert werden sollen, um sie später für die chemische und spektrographische Analyse als Bezugs- bzw. Eichproben verwenden zu können. Die Bedeutung dieser Standardsubstanzen macht es notwendig, einen relativ großen Vorrat (etwa 1000 kg) des Gesteinsmaterials aufzubewahren. Da es nicht möglich war, die Gesamtmenge auf Analysenfeinheit zu zerkleinern, erfolgte eine Mindestzerkleinerung der Gesteinsproben. Damit sollte erreicht werden, daß bei einer Entnahme

(Herausvierteln) von etwa 200 kg (z. T. 400 kg), die in einem Arbeitsgang bis auf Analysenfeinheit zerkleinert werden können, die Identität der Elementzusammensetzung des analysenfeinen Gesteinspulvers mit der des Restmaterials gewährleistet ist. Aus diesem Grunde mußte die Elementverteilung im Gesamthaufwerk und in der analysenfreien Probe geprüft werden. Als schnelle und außerordentlich gut reproduzierbare Analysenmethode bot sich die Röntgenfluoreszenzspektrometrie an.

An ca. 20 Griffproben vom Gesamthaufwerk und 30—60 Proben der analysenfein aufbereiteten Gesteinssubstanz erfolgte die Analysierung auf vier bis fünf Elemente als Dreifachbestimmung. Mit den erhaltenen Resultaten (hierfür genügen relative Meßwerte) wurde eine Varianzanalyse mit anschließendem F-Test durchgeführt. Dieses statistische Verfahren bezieht in seine Aussage die Reproduzierbarkeit ein und gibt entsprechend den gemachten Voraussetzungen (entweder 95 oder 99% Sicherheit) einen Einblick in die vorhandene Elementverteilung.

Mit Hilfe der Röntgenspektrometrie wurde die Aufbereitung des Gesteinsmaterials so gesteuert, daß nunmehr für die obenangeführten Gesteinstypen ein homogenes Analysenmaterial vorliegt. Dazu waren annähernd 3000 Analysen notwendig. Dieser Aufwand ist gerechtfertigt, wenn man bedenkt, daß die Analysierung dieser Standardgesteinsproben äußerst umfangreich geschehen soll (bisher beteiligen sich Laboratorien aus sieben Ländern) und die Analysenresultate auf Grund des großen Gesteinsvorrates ein Jahrzehnt oder länger Gültigkeit haben werden. Eine chemisch-analytische Homogenitätsprüfung wäre im Hinblick auf den Zeitaufwand und die exakte Bestimmung von Spurenelementen in dem Maße gar nicht durchführbar gewesen. Das unterstreicht die Bedeutung der Röntgenfluoreszenzanalyse für derartige Untersuchungen.

Das weite Anwendungsgebiet, das sich die Röntgenfluoreszenzspektrometrie in den letzten Jahren erobert hat, war der Anlaß, noch einmal über die allgemeinen Grundzüge des Verfahrens zu berichten. An Hand der angeführten Beispiele sollte gezeigt werden, daß auch auf dem Gebiet der Gesteins- und Mineralanalyse dieses moderne Untersuchungsverfahren mit Erfolg eingesetzt wird.

Zusammenfassung

Die allgemeinen Prinzipien der Röntgenfluoreszenzspektralanalyse werden erläutert. Es werden Bestimmungsmethoden für Rb und Sr in Gesteinen, Zr, Ti in Schwermineralsanden, Cu, Pb, Zn in Kupferschiefern, Sr in Baryten und die Bestimmung von Se mit einer Wolframanode angeführt. Auf die gute Eignung dieses Analysenverfahrens für die Homogenitatsprufung wird hingewiesen.

Резюме

Объясняются общие принципы рентгено-флюоресцентного спектрального анализа. Приводятся методы определения элементов Rb и Sr в породах, Zr и Ti в песках с тяжелыми минералами, Cu, Pb и Zn в медистых сланцах, Sr в баритах и определения Se с вольфрамовым анодом. Указывается на хорошую пригодность этого аналитического способа для определения однородности.

Summary

General principles of X-ray fluorescence spectral analysis are discussed and methods are indicated for the determination of Rb and Sr in rocks, Zr and Ti in heavy mineral sands, Cu, Pb and Zn in copper slates, Sr in barites, and Se by means of a tungsten anode. The good suitability of this method of analysis for the homogenity test is emphasized.

Literatur

OTTEMANN, J.: Quantitative Röntgenfluoreszenzanalyse auf Blei, Kupfer und Zink in Gesteinen, insbesondere im Kupferschiefer. — Z. angew. Geol., 6, 496—502 (1960).

VRIES, J. L. DE: Röntgen-Fluoreszenz-Spektralanalyse. — Informationstagung der C. H. F. Müller GmbH, Hamburg, in Darmstadt (1958).

— Einführung in die Methode und Anwendung der Röntgenspektralanalyse. — Informationstagung der C. H. F. Müller GmbH, Hamburg, in Darmstadt (1961).

WEDEPOHL, K. H.: Die Anwendung der Röntgenfluoreszenz-Spektralanalyse zu geochemischen Untersuchungen. — Fortschr. Mineral., 37, S. 94/97 (1959).

Über die Qualität der Erze von Buntmetallen und die Rentabilität der Produktion[1]

(Ein Diskussionsbeitrag zum Aufsatz von B. F. NOWOSHILOW, Moskau; Z. angew. Geol., 10, H. 3, Berlin 1964)

A. N. OMELTSCHENKO & M. I. GLEJSER, Leningrad

Einzelne Mitarbeiter der Erkundungsorganisationen sind glühende Verfechter einer auf jede Art und Weise zu betreibenden Herabsetzung der Industriekonditionen für die Erzrohstoffe, insbesondere für die Herabsetzung des Schwellengehalts. Das ist nicht verwunderlich. Je niedriger der Schwellengehalt ist, um so größer beziffern sich die industriellen Vorräte einer gegebenen Lagerstätte, um so billiger kommt die Erkundung von einer Tonne Erz und einer Tonne Metall. Es verbessern sich alle ökonomischen Kennziffern der Arbeit der Erkundungsorganisation. Als Streiter für die Herabsetzung des Schwellengehalts treten darüber hinaus die Erkundungsgeologen in der edlen Rolle von Kämpfern für den Lagerstättenschutz auf.

[1]) Aus: „Gorny Shurnal“, 2 (1963), S. 7—9
Übers.: W. OESTREICH, Berlin

In gleichem Maße sind viele Grubenarbeiter Anhänger einer Herabsetzung der Konditionen, insbesondere des Schwellengehalts. Bei einer dazu noch starken Herabsetzung des Schwellengehalts verschmelzen die bislang kleinen, voneinander getrennten geringmächtigen Erzkörper miteinander und bilden große schichtartige Lager mit großen Mächtigkeiten. Hier kann man bereits hochproduktive Abbausysteme mit massenhaftem Hereingewinnen (Zubruchgehenlassen) des Hangenden einsetzen. Die Arbeitsproduktivität in der Grube wächst, die Selbstkosten des geförderten Erzes werden geringer, alle ökonomischen und technischen Kennziffern der Arbeit der Grube verbessern sich. (Das Gesagte ist durchaus kein Vorwurf an die Adresse der obenerwähnten Arbeiter, die Sachlage zwingt aber offensichtlich dazu.)

Charakteristisch ist folgendes: Wenn die massenhafte Einbeziehung der Außerbilanzvorräte in die industriellen Vorräte verfochten wird, wird gewöhnlich nicht so sehr mit dem Metallgehalt in der Tonne Erz operiert als vielmehr mit den absoluten Metallmengen in den Außerbilanzerzen. Die absolute Metallmenge ist natürlich ein wichtiger Faktor, aber nur bei hinreichendem Metallgehalt in der Tonne Erz, der auch in erster Linie die Rentabilität des Abbaus jeder konkreten Lagerstätte bestimmt. Wir erinnern an die Bemerkung, welche gewaltigen Goldvorräte im Meerwasser enthalten sind.

Die Verfechter der Herabsetzung und der massenhaften Einbeziehung der Außerbilanzerze in den Abbau behaupten gewöhnlich, daß hierbei infolge des größeren Umfangs der Produktion und der Einführung hochproduktiver Abbausysteme die Senkung der Selbstkosten von einer Tonne Erz schneller erfolgt als die Senkung des Metallgehalts im geförderten Haufwerk. Häufig ist es tatsächlich so. Um aber die Herabsetzung des Metallgehalts im geförderten Haufwerk durch die Senkung der Selbstkosten für eine Tonne Erz zu kompensieren, muß diese Senkung nicht einfach größer sein als die Senkung des Gehalts, sondern mindestens doppelt so groß. Nur in diesem Fall werden sich die Selbstkosten des Metalls im Konzentrat durch Einbeziehung des Außerbilanzerzes in den Abbau nicht erhöhen. Das ist deshalb notwendig, weil die Selbstkosten der Erzaufbereitung in der Regel gleich den Selbstkosten der Gewinnung oder sogar größer sind, und die Selbstkosten der Aufbereitung eines Erzes mit geringerem Gehalt sind bestenfalls gleich den Selbstkosten der Aufbereitung eines Erzes mit normalem Gehalt (gewöhnlich kommt die Aufbereitung eines Erzes mit geringerem Gehalt teurer und das Metallausbringen sinkt).

Da die Abnahme des Metallgehalts in dem geförderten Haufwerk 15—25% und mehr erreicht, muß man, um das zu kompensieren, die Selbstkosten der Gewinnung von einer Tonne Erz um 35—60% senken, was eine sehr schwierige Aufgabe ist, und das unter der Bedingung, daß freie Kapazitäten in der Grube und in der Aufbereitungsanlage vorhanden sind, sonst geht das Metallausbringen zurück. (Wenn auch die Leistung der Gruben häufig ohne besondere Aufwendungen gesteigert werden kann, so haben doch die Aufbereitungsanlagen in der Regel keine Reservekapazitäten, und die Schaffung solcher erfordert große zusätzliche Investitionen.)

Von dem Gesagten ausgehend und eingedenk des Hinweises W. I. LENINs, daß die Arbeitsproduktivität in letzter Instanz das Wichtigste, die Hauptsache für den Sieg einer neuen Gesellschaftsordnung ist, betrachten wir die Argumentation B. F. NOWOSHILOWs als sehr begründet.

Um noch eine weitere Quelle für die Verdünnung des Erzes bei seiner Gewinnung zu beseitigen, machen wir folgenden Vorschlag: Bekanntlich sind im mineralischen Rohstoff der industrielle Minimalgehalt und der Schwellengehalt der nutzbaren Bodenschätze die wichtigsten Kennziffern.[2]) Diese Konditionen sind im wesentlichen für die Umgrenzung und die Berechnung der Lagerstättenvorräte und für die Entscheidung der Frage nach der Zweckmäßigkeit ihrer industriellen Nutzung bestimmt. Nach der Größe des industriellen Minimalgehalts, eines gänzlich ökonomischen Begriffs, wird die ökonomische Zweckmäßigkeit der industriellen Nutzung der Lagerstätten bestimmt. Die Größe des Schwellengehalts dient als Kriterium für die Umgrenzung der Bilanzvorräte des Lagers (des Erzkörpers, der Lagerstätte). Wenn sie richtig festgelegt sind, bilden diese Konditionen eine zuverlässige Barriere gegen verschwenderisches Verhalten zu den Bodenschätzen (was eintritt, wenn die Konditionen zu hoch sind) sowie gegen die nicht minder schädliche Verschleuderung gesellschaftlicher Arbeit (was eintritt, wenn die Konditionen zu niedrig sind).

In den meisten Fällen erfüllen die erwähnten Konditionen ihre Aufgabe mit Erfolg. Wenn aber bei Abbausystemen mit Blockbruchbau das Erz unter darüberliegenden, zu Bruch gegangenen Gesteinen abgezogen wird, muß eine weitere Kondition eingeführt werden. Bei der Herausnahme des Erzes unter den darüberliegenden, zu Bruch gegangenen Gesteinen beginnt von einem gewissen Zeitpunkt an eine intensive Verdünnung des Erzes bei entsprechender Herabsetzung des Gehalts der nutzbaren Komponenten in dem geförderten Haufwerk. Zur Senkung der Ausmaße der Verluste oder der Verdünnung des Erzes zur Verhinderung der Verschleuderung gesellschaftlicher Arbeit ist es wichtig, den Zeitpunkt sachgemäß festzulegen, wann es sinnvoll ist, das Abziehen des Haufwerks aus den Rollöchern einzustellen. In diesem Zusammenhang erscheint es uns notwendig und zweckmäßig, offiziell noch eine weitere Kondition — „den Minimalgehalt der nutzbaren Komponente bei der Herausnahme" oder kürzer „Minimalgehalt bei der Herausnahme" — festzulegen. Diese Kondition gibt an, wann es rationell ist, das Abziehen des Haufwerks aus den Rollöchern einzustellen. Gegenwärtig wird, zumindest theoretisch, der Schwellengehalt als rationelle Grenze für die Einstellung des Abziehens von Haufwerk aus den Rollöchern auf allen Gruben genommen. Es ist aber nicht immer richtig, so zu verfahren. Der „Minimalgehalt bei der Herausnahme" ist seiner Idee nach ein vollwertiger ökonomischer Begriff, während der Schwellengehalt ein geologisch-ökonomischer Begriff ist. Zahlenmäßig können Schwellengehalt und „Minimalgehalt bei der Herausnahme" nur zufällig übereinstimmen, weil sie auf unterschiedliche Weise bestimmt werden.

Die erste Größe muß „nach den Teilkosten für die Förderung und Verarbeitung des mineralischen Rohstoffs, die den Verhältnissen seiner Nebenbeiförderung entsprechen", bestimmt werden; die zweite Größe kann durch Vergleich der vollständigen oder teilweisen Selbstkosten der Förderung und Verarbeitung von 1 t Haufwerk, beginnend vom Augenblick der Herausnahme dieses Haufwerks aus den Rollöchern, mit dem Wert der aus dieser Tonne Haufwerk ausbringbaren nutzbaren Komponenten bestimmt werden.

Der praktische Wert der von uns empfohlenen Kondition besteht in folgendem: Auf vielen Gruben, in denen das Erz unter zu Bruch gegangenen, überlagernden Gesteinen abgezogen wird, erfolgt dies gegenwärtig weit unter den Grenzen des Schwellengehalts. So er-

[2]) „Grundsätze für die Begründung der Konditionen für die mineralischen Rohstoffe der Lagerstätten fester nutzbarer Bodenschätze". Staatliche Plankommission der UdSSR, Kommission für die Bestätigung der Konditionen für Erzrohstoffe, Moskau 1962

folgt im Bleikombinat von Syrjanowsk, unter der Bedingung, daß alle über dem Rolloch befindlichen Erzvorräte bereits herausgenommen worden sind, die Einstellung des Abzugs von Haufwerk aus dem Rolloch erst bei einem Metallgehalt, der um das Zwei- bis Dreifache niedriger ist als der Schwellengehalt; in den meisten Fällen ist er gleich dem Metallgehalt in den Abgängen der Aufbereitungsanlage. Dem Wesen nach findet hier eine unverhüllte Verdünnung des Erzes mit taubem Gestein statt. Das Abziehen von Haufwerk mit niedrigem Gehalt (dem Wesen nach handelt es sich um taubes Gestein) ruft bei der Bergaufsicht keinen Protest hervor, um so weniger, als diese Gesteinsmasse unmittelbar zur Planerfüllung beiträgt.

Auf den Gruben des Bleikombinats von Syrjanowsk ist sogar folgendes System zum Gesetz erhoben worden: Wenn aus dem Rolloch alle darüber befindlichen Erzvorräte herausgelassen worden sind und auf den Sieben das taube Gestein erschienen ist, muß trotzdem noch tagelang, in Übereinstimmung mit der geltenden Instruktion, das Herauslassen dieses Gesteins fortgesetzt werden.

Es ist indessen bekannt, daß in den meisten Fällen der durch ein Prozent Verdünnung des Erzes der Volkswirtschaft zugefügte ökonomische Schaden 2—3mal größer ist als durch ein Prozent Verlust an Erz, das nicht gefördert wird.

Wenn daher vorgesehen wird, in Lagerstätten das Erz unter den zu Bruch gegangenen Hangendgesteinen abzuziehen, muß neben den sonstigen Konditionen auch die Kondition „minimaler Gehalt bei der Herausnahme" festgesetzt werden, bei der diese Entnahme der Gesteinsmasse aus den Rollöchern eingestellt wird. (Es ist natürlich beabsichtigt, daß diese Kondition unter normalen Verhältnissen angewandt wird, d. h., wenn die bezifferten Erzvorräte über dem Rolloch bereits herausgenommen worden sind.) Diese Kondition wird eine unnütze Verdünnung des Erzes verhindern.

Besprechungen und Referate

TESCHKE, H.-J.

Geologisches Fachwörterbuch Russisch – Deutsch

(Mit einem Verzeichnis der wichtigsten Periodika mit überwiegend bzw. teilweise geologischem Inhalt) Herausgegeben im Auftrage des Geotektonischen Instituts der Deutschen Akademie der Wissenschaften zu Berlin

Berlin: Akademie-Verlag 1964. 425 S., Ganzleinen, DM 25,–

Dieses Fachwörterbuch füllt eine spürbare Lücke in der deutschen geologischen Literatur aus. Es wird deshalb bei allen deutschen Geologen ohne Zweifel gut aufgenommen werden. In etwa fünfjähriger Arbeit hat der Verfasser rund 35000 Stichworte aus dem Bereich der allgemeinen und historischen Geologie, Petrographie, Mineralogie, Paläontologie, Geophysik, Geochemie, Bodenkunde usw. gesammelt und zusammengestellt. Eine außerordentlich verdienstvolle und fleißige Arbeit, die vollste Anerkennung verdient.

Die Auswahl des Wortschatzes sollte „in erster Linie dem wissenschaftlich arbeitenden Geologen, der über Kenntnisse in der russischen Sprache verfügt, beim Studium sowjetischer Fachliteratur" dienen. Bei erster Durchsicht — ein endgültiges Urteil kann selbstverständlich erst nach längerer praktischer Arbeit mit dem Wörterbuch gegeben werden — entsteht der Eindruck, als ob der Verfasser den Begriff des „wissenschaftlich arbeitenden Geologen" ungebührlich eingeengt hat. Wenn dem Ausschluß „technischer Begriffe — z. B. aus der Bohrtechnik oder dem Bergbau —" weitgehend (wenn auch nicht absolut) zugestimmt werden kann, werden jedoch nicht nur grundlegende Stichworte der Lagerstättensuche und -erkundung unangenehm vermißt. Begriffe wie z. B. Bortgehalt, Minimalgehalt sind m. E. für den praktischen Geologen nicht unwichtiger als der aufgeführte Energieinhalt oder Wasserdampfgehalt. Und wenn z. B. der aufgenommene „Spülungsverlust" nicht als technischer Begriff angesehen wird, darf es der fehlende „Kernverlust" sicher auch nicht. Unbefriedigend ist z. T. bei einer Reihe russischer Begriffe ihre sprachliche Nivellierung, d. h. der Verlust ihrer Besonderheit. Oprobowanije bedeutet nicht ebenfalls Probenahme (dafür existiert otbor proby), sondern nur Bemusterung; totschetschnije proby sind keine Hackproben, sondern Punktproben; nasloenije, sloistost, slojewatost und (das fehlende) naslojennost bedeuten nicht gleichlautend für alle Schichtung. Der Unterschied wird dem Leser leider vorläufig nicht vermittelt.

Auch Schieferung sowohl für slanzewatost als auch kliwash (clivage) erscheint dem Rezensenten als nicht wünschenswerte Vereinfachung.

Die Anzahl der aufgenommenen Mineralbezeichnungen ist im Vergleich zu anderen Gebieten überaus groß: Griphit wurde aufgenommen, der für die Erdölgeologen wichtige Begriff Griffon fehlt; Silexit ist aufgenommen, Sill (Lagergang) fehlt dagegen usw.

Daneben finden sich Übersetzungsäquivalente, die der Rezensent nicht immer für korrekt hält (S. 189: obrasez ist keine Probe, sondern ein Handstück, eine Stufe; S. 230: dobytscha ist Förderung, Gewinnung, jedoch nicht Produktion; S. 293: ein Abbausystem ist kein Synonym für Abbauverfahren; S. 303: smjatije ist keine Faltung, sondern eine Gesteinsdurchknetung infolge Pressung usw.).

Die aufgenommenen Stichworte stehen in der Reihenfolge des kyrillischen Alphabets, das vom lateinischen in seiner Reihenfolge bekanntlich abweicht. Die Erfahrung zeigt, daß die Reproduktion des kyrillischen Alphabets (z. B. im Vorwort) dem Leser nützlich wäre. Nicht unumstritten bleibt möglicherweise auch der Aufbau des Wörterbuches selbst. Wenn unter Stichworten wie Gruppe, Gehalt, System usw. anschließend die Kombinationen und Wortverbindungen aufgeführt werden (ohne sich auf Spezifisches zu beschränken), sind sowohl Unvollständigkeit in der Aufzählung als auch Wiederholungen der Begriffe an anderer Stelle geradezu unvermeidlich.

Diese kritischen Bemerkungen können selbstverständlich keineswegs den Wert und die Bedeutung dieser geologischen Neuerscheinung mindern. Sie sollen lediglich andeuten, daß derzeit eine solche schwierige Arbeit am günstigsten von mehreren Geologen verschiedener Fachrichtungen geleistet werden kann. Unter diesem Aspekt kann jedoch die vorgelegte Arbeit TESCHKES kaum hoch genug eingeschätzt werden. Noch vorhandene Lücken usw. werden sich in Zukunft relativ leicht schließen lassen, wenn sie von den Benutzern des Wörterbuches sorgfältig registriert und dem Verfasser zugeleitet werden. F. STAMMBERGER

MURAWSKI, H.

Geologisches Wörterbuch

Ferdinand Enke Verlag, Stuttgart 1963, 5. erg. u. erw. Aufl., 243 S., 61 Abb., 3 Tab. im Text, 7 Tab. im Anh.

Nachdem 1957 die 4. Auflage des „Geologischen Wörterbuches" erschienen ist, legen nunmehr Verlag und Verfasser die 5. Auflage vor. Das neue Buch hält sich an den alten Rahmen der textlichen Verdichtung und des Gebrauchs von Sammelstichworten, bringt aber zusätzlich eine große Zahl von modernen Begriffen und von neuen Abbildungen. Unter Hinweis darauf, daß in Kürze ein in ähnlichem Stil und in ähnlicher Aufmachung gehaltenes „Paläontologisches Wörterbuch" bei dem gleichen Verlag erscheinen wird, konnte bei der vorliegenden Ausgabe weitgehend auf die Erörterung paläontologischer Begriffe verzichtet werden. Dies führte zu einer Straffung des rein geologischen Textes. Besonders begrüßenswert sind neben den kleinen, übersichtlich gehaltenen Tabellen im Anhang die etymologischen Hinweise auf „lateinische und griechische Wörter".

Selbstverständlich kann in einem Fachwörterbuch dieser Art nicht alles genannt und nicht jeder Begriff befriedigend definiert sein. Was aber als eine Lücke empfunden werden muß, ist das fast völlige Fehlen der Termini aus der praktischen und der angewandten Geologie, deren Vorhandensein dieses Büchlein zu einem unentbehrlichen Helfer des Geologen in der Praxis machen würde. Das sind neben den Definitionen aus dem Bereich der Vorratsberechnungen von Lagerstätten vor allem jene Begriffe aus dem Grenzbereich Geologie/Geophysik und Geologie/Geochemie, ohne die die praktische Geologie nicht mehr auskommt. Vielleicht können in einer der folgenden Auflagen auch diese Begriffe Berücksichtigung finden. Alles in allem stellt das Wörterbuch vollkommener als seine Vorgänger das zusammengedrängte, übersichtlich dargebotene Wissen der Geologie von heute dar. Es ist notwendig und nützlich für jeden, der sich mit Geologie und mit allen Zweigen der benachbarten Wissenschaften befaßt. K. Kauter

Autorenkollektiv

Erkundungsbohrungen 1962 in Nordamerika

„Bull. Amer. Assoc. Petrol. Geol.", Bd. 47, Tulsa 1963, H. 5, S. 889—1212, viele Karten, Tab.

Der umfangreiche Jahresbericht, der die Produktionsgebiete in den USA und in Kanada umfaßt und eine große Menge statistischen Materials enthält, läßt erkennen, daß in den USA 1962 10797 Erkundungsbohrungen geteuft wurden; 18,36% davon fanden Öl oder Gas. 6794 von ihnen waren reine Wildcats, von denen 11,58% Öl oder Gas antrafen. Die Gesamtteufe aller Erkundungsbohrungen in den USA war 53615888 Fuß oder im Durchschnitt 4966 Fuß pro Bohrung. Die einzelnen Bohrungen werden mit ihren wichtigsten Daten, nach Staaten geordnet, tabellarisch zusammengefaßt und Produktion und Vorräte angegeben. Wie in den Vorjahren wird der Erkundungserfolg in einem Abstand von 6 Jahren zu den Funden betrachtet. Daraus ergibt sich, daß von den in den Wildcats gefundenen Lagerstätten nur etwa ein Viertel einen ökonomischen Nutzen erbrachten. R. Meinhold

Schürenberg, H.

Über iranische Kupfererzvorkommen mit komplexen Kobalt-Nickel-Erzen

„Neues Jahrbuch für Mineralogie", Bd. 99, H. 2, S. 200 bis 230

Der Aufbau des in 1500 bis 1800 m Höhe am Nordhang des Takht-i-Soleiman-Gebirges liegenden Grubengebiets von Baytsche Bagh wird von alttertiären, sauren bis intermediären Eruptivgesteinen, deren Tuffen und dem Abtragungsschutt beider bestimmt. Die Erzgänge der im Kalé Tschai-Tal (etwa 400 km WNW Teheran) liegenden Gruben setzen sowohl in den Eruptivgesteinen als auch in den deutlich geschichteten Schuttmassen in unverminderter Mächtigkeit auf. Mit Ausnahme der Gänge Baytsche Bagh 1 und Khochnoudi liegt ein steil südwestliches Einfallen vor. Die in der Grube „Baytsche Bagh" in einer streichenden Erstreckung von 1 bis 2 km nachgewiesenen Gänge erreichen bauwürdige Mittel von 0,15 bis 0,8 m, maximal 2,0 m Mächtigkeit. Sie sind in höchstens 250 bis 350 m streichender Länge bauwürdig. Die Oxydationszone reicht 30 bis 50 m unter die Tagesoberfläche.

Die monotone Mineralführung der Kupfererzgänge besteht aus Quarz mit reichlich feinverteiltem Pyrit, Ankerit, Dolomit, derbem Kupferkies und wenig Fahlerz. Verbreitet sind Verdrängungen der älteren Gangarten und Erze sowie innere Verwachsungen bis in kleinste Korngrößen.

Auf zwei selbständigen Parallelspalten wurden Quarz, Pyrit, Karbonate, Zinkblende, Bleiglanz und wenig Kupfersulfide gefunden. Es konnte hier eine geringe Radioaktivität nachgewiesen werden.

In der Teufe werden einzelne Gänge noch von Blei-Zinkerzgängen begleitet. Die parallel zu den Kupfererzgängen auftretenden Trümer sind durch Salbänder von den Kupfererzgängen getrennt.

Die Blei-Zink-Abfolge führt noch Quarz und Pyrit und ist im Unterschied zur Kupfererzabfolge stark kataklastisch überprägt. Als jüngere Paragenese folgen Karbonate mit wenig Ankerit und viel Dolomit, Zinkblende, Kupferkies, Bleiglanz und Fahlerz. Die mesothermalen Vorkommen werden als subvulkanische Bildungen angesehen.

Die Imprägnationsvorkommen Talmessi und Meskani liegen im zentraliranischen Hochland. In dem etwa 200 km ENE der Provinzhauptstadt Isfahan zum Bergbaugebiet von Anarak gehörenden 6000 km² großen Gebiet sind zahlreiche Erzvorkommen bekannt. Es treten auf: Ag, Au, Bi, Co, Cr, Cu, Fe, Mn, Mo, Ni, Pb, Sb, U und Zn.

Die im jungen Dazit bzw. Andesit zwischen Kreide- und Eozänkonglomeraten aufsetzenden Lagerstätten Talmessi und Meskani entsprechen dem Typ der „porphyry copper ores". Beide Imprägnationsvorkommen führen Kupferglanz, der vorwiegend als Imprägnation und in sehr geringmächtigen Gängen mit komplexen Nickelarseniden und Spuren von Kobaltarseniden auftritt. In einer jüngeren Abfolge kam es zur Bildung geringer Mengen von hämatitischem Quarz und Pechblende. Die meso- bis epithermalen Vorkommen werden der subvulkanischen Abfolge zugeordnet. —s—

Rubinič, A., & St. Kontrec

Suche und Bohren auf Erdöl und Erdgas in Kroatien

„Nafta", H. 11/12, Zagreb 1962

Bei Selnica liegt das erste, seit 1788 bekannte Ölvorkommen Kroatiens und Jugoslawiens. In der Zeit von 1850 bis 1884 wurden im Schlagbohrverfahren 21 Bohrlöcher abgeteuft. Das industrielle Bohren auf Erdöl und Erdgas geht bis in das Jahr 1885 zurück. 1886 wurden bei Peklenica 5 Bohrungen niedergebracht. Von 1856 bis 1940 sind insgesamt 46498 m abgebohrt und 13203 t Öl und ungefähr 56000000 m³ Gas (Bujavica und Gojlo) gefördert worden. Während der Jahre 1940—1945 intensivierte man die geologischen und geophysikalischen Sucharbeiten und förderte bedeutende Ölmengen. Auf dem gesamten Gebiet Nordkroatiens wurden gravimetrische Messungen durchgeführt. Insgesamt erbohrte man in dieser Zeit auf den Feldern von Gojlo, Bujavica und Janja Lipa 42278 m und förderte 55767 t Erdöl und rund 25400000 m³ Gas. Nach Einführen des Rotarysystems und einer Verbesserung der Technik erreichte man eine maximale Teufe von 2165 m. Von 1945 bis 1961 wurden 861860 m für Erkundungs- und Produktionsbohrungen niedergebracht und 4182000 t Öl und 281100000 m³ Gas gefördert. Diese Periode ist durch eine anhaltende dynamische Entwicklung in der sozialistischen Wirtschaft gekennzeichnet. Sie drückt sich in der Gesamtzahl der Bohrmeter, in der Leistung pro Anlage (1951 2478 m und 1961 9300 m), in der erreichten maximalen Teufe (4564 m) und im technischen Niveau aus. Diese Arbeiten wurden im Tertiär des Pannonischen Beckens durchgeführt. In neuerer Zeit werden mesozoisch-paläozoische Gebiete der Dinariden auf einer Fläche von 26000 km² erkundet. Die Aussichten für Öl sind gut. Die produktiven Felder im Pannonischen Becken sind an Antiklinalen gebunden. Die Speicher liegen stellenweise über 3000 m tief. Die Fläche des Beckens beträgt 30755 km², so daß es durchaus möglich ist, Öl in entsprechenden Akkumulationen zu finden. -K-

Badasarjan

Leichte Zement-Leim-Schlämmen

„Aserbaidsch. neftj. chosj.", Nr. 3, Baku 1963; S. 25—26

Zur Spülungsverlustbekämpfung wurde in den Laboratorien von ZNIPR „Karadagneft" eine Rezeptur für leichte Zement-Leim-Schlämmen auf Keratinbasis entwickelt. Es eignen sich dazu die bekannten Zementmischungen, deren hohes spezifisches Gewicht dabei herabgesetzt wird. Je nach der gewünschten Dichte wird dem Anmachwasser eine Menge von 0,06—0,3% Keratin zugesetzt. Die entstandene Schlämme wird 2—3 Minuten gerührt, wobei eine merkliche Volumenzunahme eintritt. Bei den angegebenen Keratinzusätzen entstehen Schlämmen mit einem spezifischen Gewicht von 1,39—0,82 g/cm³. Schlämmen über 1,1 g/cm³ besitzen noch eine genügend niedrige Viskosität, um verpumpt werden zu können. Die Abbindezeiten werden durch diesen Zusatz entsprechend erhöht, es können jedoch auch Beschleuniger eingesetzt werden, wie zum Beispiel Wasserglas. Die Schlämmen vergrößern beim Erhärten ihr Volumen und besitzen demzufolge eine hohe Porosität von 52—69%. Die einzelnen Poren stehen nicht miteinander in Verbindung, was durch eine relativ niedrige Permeabilität von 40—58 md bewiesen wird. K. SCHULZE

SHEPARD, F. P.

Submarine Geology

„Harper & Row", New York, Evenston u. London 1963, 2. Aufl., 557 S., 222 Abb., 1 Weltkarte, 11,50 $

Dieses bisher einzigartige Buch über dieses Gebiet der Geologie hat nun seine 2. Auflage erlebt. Es enthält gegenüber der ersten eine Fülle von neuem Material, die der Verlag selbst auf 8% beziffert. Dies trifft besonders zu für die Beschreibung der Meßinstrumente und der Feldmeßmethoden, aber auch für die Untersuchung der Tiefseeböden. Von besonderem Gewicht sind die Ausführungen von E. D. GOLDBERG über die Geochemie der Meere und von D. L. INMAN über die Wellenmechanik und über die Mechanik des Sedimenttransports. Der Inhalt, mit einmaligen und einprägsamen Abbildungen ausgestattet, ist übersichtlich gegliedert und bietet trotz der Fülle des bearbeiteten wissenschaftlichen Materials einen verständlichen und abgerundeten Einblick in die vielfältigen Probleme dieses geologischen Zweiges.

Nach einer historischen Einleitung werden zuerst Methoden und Instrumente für die Erforschung des Meeresbodens behandelt. Es schließen sich Ausführungen über die Definition und die Bildung von Küsten und Untiefen an. Den Kontinentalschelfs, ihrer Entstehung und Entwicklung, gelten umfangreiche Erörterungen des Verfassers. Darauf folgen Betrachtungen über die Böschungen der Kontinente zum Meeresboden hin; ihre Entstehung wird erörtert und in Zusammenhang mit der Gestaltung der Küsten gebracht. Ausführungen über das submarine Relief schließen sich an, über Rücken, Brücken, Täler und Cañons. Ein spezielles Kapitel ist den organischen Riffen gewidmet. Die weiteren Ausführungen beschäftigen sich speziell mit der Tiefseetopographie, den dort vor sich gehenden Ablagerungen, der Stratigraphie und der Bildung großer Becken. Mit mineralogischen und chemischen Betrachtungen und mit einer Interpretation der rezenten und alten Sedimente schließen die wissenschaftlichen Ausführungen.

Das nachfolgende Literaturverzeichnis, das über 900 Titel aufweist, zeigt, mit welcher Gründlichkeit der Verfasser diese ungeheuer vielfältigen Probleme angefaßt und behandelt hat. Ein Schlagwortregister vervollständigt das Werk, das einen einzigartigen Beitrag zur Abrundung des geologischen Wissens darstellt, dessen Studium insbesondere allen Fachleuten mit Nachdruck empfohlen werden kann.

K. KAUTER

GOLODKOWSKAJA, G. A.

Konferenz über die Probleme der ingenieurgeologischen Kartierung und Rayonierung

„Sowj. geol.", Bd. 6, Moskau 1963, Nr. 3, S. 161—165

An einer Arbeitstagung in Moskau, die vom Lehrstuhl für Technische Bodenkunde und Ingenieurgeologie der Geologischen Fakultät der MGU, der Abteilung Ingenieurgeologie des VSEGINGEO und dem Lehrstuhl für Ingenieurgeologie des Moskauer Geologischen Erkundungsinstituts einberufen worden war, nahmen 520 Spezialisten teil. Sie vertraten 221 Organisationen aus 23 Städten; während der Tagung wurden 60 Vorträge gehalten.

Nach einer Einführung von Professor E. M. SERGEJEW, in der er betonte, daß Karten „nicht nur die billigste Untersuchungsart bilden, sondern auch das Hauptdokument darstellen, das erlaubt, alle ingenieurgeologischen Fakten zu berücksichtigen", wurde die Tagung mit grundsätzlichen Vorträgen von I. W. POPOW und N. V. KOLOMENSKI & V. L. DUBROWKIN eröffnet. Sie befaßten sich mit dem gegenwärtigen Stand der ingenieurgeologischen Kartierung und den Prinzipien der Aufstellung staatlicher ingenieurgeologischer Karten. L. D. BELY sprach über die Prinzipien einer Klassifizierung der Gesteine. Weitere Vorträge befaßten sich mit der Methodik der Aufstellung kleinmaßstäblicher Karten, die besondere Bedeutung für die Planung besitzen. Es kam immer wieder zum Ausdruck, daß die Aufstellung solcher Karten auf geologischen Gegebenheiten beruhen muß. Es wurden Vorschläge für die Anfertigung kleinmaßstäblicher Karten für die verschiedenen Arten des Bauwesens eingereicht. Große Aufmerksamkeit kam auch den Berichten zu, die sich mit der Methodik der Herstellung von Karten 1:50000 bis 1:1000 befaßten. Es herrschte Einmütigkeit darüber, daß in ingenieurgeologischen Karten alle Hauptfaktoren der ingenieurgeologischen Verhältnisse zur Darstellung kommen müssen, das sind: der geologisch-lithologische Bau, die Geomorphologie, die Hydrogeologie und die physikalisch-geologischen Prozesse.

Eine spezielle Gruppe befaßte sich während der Konferenz mit Fragen der ingenieurgeologischen Kartierung in Lößgebieten. Es wurde u. a. ein Bericht über die Aufstellung von Prognosekarten über die Zusammensinkbarkeit von Lößgesteinen gegeben. Dabei sollen die verschiedenen Lößtypen sowie die geomorphologischen und hydrogeologischen Verhältnisse berücksichtigt werden. Weitere Vorträge befaßten sich mit geophysikalischen und anderen Feldmethoden, die bei der ingenieurgeologischen Kartierung angewendet werden. Es gab auch Berichte über Kartierungen in Gebieten ewiger Gefrornis und über Rutschungen. Im einzelnen ist es nicht möglich, hier über alle Themen zu berichten. Es ist deshalb zu wünschen, daß die Vorträge zumindest zum Teil veröffentlicht werden. Im einzelnen wurde empfohlen, ingenieurgeologische Karten in den Maßstäben 1:1000000, 1:500000 und 1:200000 als staatliche ingenieurgeologische Karten anzuerkennen, die von den territorialen geologischen Diensten im Auftrage des Ministeriums für Geologie und Lagerstättenschutz aufgestellt werden sollen. Es wurde ein vereinheitlichtes Schema für folgende taxonomische Unterteilungen festgelegt:

Regionen — nach struktur-tektonischen Merkmalen,
Gebiete — nach geomorphologischen Merkmalen,
Rayons — nach lithologisch-genetischen Merkmalen.

F. REUTER

BREDDIN, H., H. BRÜHL & H. DIELER

Das Blatt Aachen-Nordwest der praktisch-geologischen Grundkarte 1:5000 des Aachener Stadtgebietes

„Geol. Mitt.", Bd. 1, Aachen 1963, S. 251—434, 86 Abb., 4 Tab., 2 Texttaf., 3 Taf.-Beil.

Nach der Einleitung besteht die praktisch-geologische Grundkarte gewöhnlich aus 5 Kartenblättern, und zwar: 1. der Baugrundkarte, 2. der geologischen Profilkarte, 3. der hydrogeologischen Profilkarte, 4. der hydrogeologischen Grundrißkarte, 5. der Archivkarte.

Den vorliegenden Erläuterungen, die als Sonderdruck in den Geologischen Mitteilungen der Forschungsstelle für Regionale und Angewandte Geologie der Rheinisch-Westfälischen Technischen Hochschule Aachen erschienen sind, liegen 3 große Karten im Maßstab 1:5000 bei, auf deren Rändern jeweils 3 oder 4 verkleinerte Karten im Maßstab 1:25000 aufgedruckt sind. Die Baugrundkarte liegt in farbiger Ausstattung vor, die übrigen Karten im Schwarz-Weiß-Druck.

Archivkarte

Die Archivkarte entspricht etwa unserer Dokumentationskarte. In ihr sind, rot eingedruckt, verschiedene Zeichen für Böschungen, ehemalige Böschungen, flächenmäßige Beobachtungen, Leitungsgräben, Baugruben, Kanalschächte, verschiedene Bohrungen und Brunnen, Quellen usw. zu finden. Die Dokumentationspunkte sind durchnumeriert und werden unter der gleichen Nummer im Erläuterungstext als Abschnitt V „Archivteil" beschrieben. Der 90seitige Umfang läßt erkennen, daß man sich bei der Zusammentragung der Unterlagen sehr große Mühe gegeben hat. Auf den Rand der Archivkarte sind kleine Kärtchen über die Entwicklung der Bebauung des Blattgebiets im 19. und 20. Jahrhundert aufgedruckt.

Baugrundkarte

Die Baugrundkarte liegt als Farbdruck vor. In braunen Signaturen werden die Boden- und Gesteinsarten bis 2 m Tiefe (Schachtboden) beschrieben, wenn sie gegenüber den tiefer folgenden Schichten erheblich abweichen. Bestehen Schachtboden und der in 2 bis 5 m Tiefe folgende Untergrund (Lastboden) aus gleichartigen Gesteinen, dann erfolgt eine farbige Darstellung durch Flächenfarben und farbige Zeichen. Unter Quartärablagerungen wird die zweite, unter 2 m Tiefe folgende Schicht durch farbige Streifen und farbige Zeichen dargestellt. Der zusätzlichen Erläuterung dienen weitere Einschreibungen, wie fossilreiche Sandsteinbänke in Glaukonitsand, Schichtgrenzen, Abgrenzung von Bodenarten, Verwerfungen, Aachener Aufschiebung, Außenrand der Täler, offene Gewässer, verschiedene Brunnen und Quellen.

In der Legende, in der die einzelnen Gesteinsarten eingehend beschrieben sind, erfolgen auch Angaben über einige ingenieurgeologische Eigenschaften der Gesteine, wie Belastbarkeit, Bearbeitbarkeit nach DIN 18300 und Standfestigkeit von Baugrubenwänden.

Von den Wasserkarten ist die Flurabstandskarte übersichtlich. Die Karte der Grundwasserverhältnisse ist nicht sehr leicht zu lesen.

Die chronologische Karte ist sicher nötig und wird auch von uns angefertigt. Allerdings kann man sich darüber streiten, ob man die chronologische Karte mit oder ohne Quartärdecke bringen sollte.

Profilkarte

Die Profilkarte würde sicher, wie auch in den Erläuterungen zu lesen steht, in farblicher Ausgestaltung bedeutend besser wirken. Es sind 10 Profile vorhanden. In der Profilkarte sind die Gesteinsarten mit einer genauen Beschreibung und einer Charakterisierung der Grundwasserverhältnisse enthalten. Zusätzliche Zeichen erläutern stratigraphische Grenzflächen, Verwerfungen, Aachener Aufschiebung, Grundwasserspiegel, trockene Gesteinsarten und Bohrungen. Zwei kleine Karten auf dem Rand der Hauptkarte sind als lithologisches Blatt, abgedeckt und nicht abgedeckt, gedacht.

Eine derartige Karte kennen wir nicht. Geologische Schnitte, die der Erläuterung der Verhältnisse dienen, sind aber immer angebracht.

Erläuterungen

Die Erläuterungen sind untergliedert in folgende Hauptabschnitte: geologische Verhältnisse, der Baugrund, die hydrogeologischen Verhältnisse, Archivteil.

Aus dem Verhältnis der Seiten der einzelnen Abschnitte ist zu ersehen, daß den geologischen Verhältnissen ein sehr breiter Raum gewidmet worden ist. Es handelt sich also um eine geologische Arbeit, die sich in erster Linie auch mit der Klärung spezieller geologischer Verhältnisse beschäftigt. Die Abschnitte Baugrund und hydrogeologische Verhältnisse, die bei uns den Hauptteil einer Erläuterung ausmachen, sind in der vorliegenden Karte etwas kurz gekommen. Wenn auch ein sehr umfangreicher Archivteil die Möglichkeit der Information über viele Einzelheiten gibt, so muß doch bedacht werden, daß die geologischen Angaben von Nichtfachleuten nur sehr schwer gedeutet werden können. Ingenieurgeologische Karten müssen für Nichtfachleute lesbar sein.

Im geologischen Teil hat man mit übersichtlichen Darstellungen, Zeichnungen und Bildern nicht gespart. Es wäre zweckmäßig, auch im Baugrundteil einige Tabellen einzufügen und auch graphische Darstellungen zur Veranschaulichung beizugeben.

Zusammenfassend kann man feststellen, daß das vorliegende Kartenblatt, dessen topographische Grundlage die Grundkarte im Maßstab 1:5000 bildet, eine sehr interessante Arbeit ist, die auch unseren Ingenieurgeologen manche Anregung geben wird.

F. REUTER

Ingenieurabschlußarbeiten der Fachrichtung Geologie der Bergingenieurschule „Georgius Agricola" in Zwickau

Seit 1956 sind in der Fachrichtung Geologie mehr als 300 Ingenieurabschlußarbeiten in der angewandten Geologie, in der angewandten Geophysik, in der Lagerstättenerkundung einschließlich Kartierung, in der grubengeologischen Dokumentation und mit betriebsgebundener Zielstellung im Bergbau angefertigt worden, die oftmals wertvolle Unterlagen für die weitere geologische Erkundung lieferten und ebenso als werksgeologische Untersuchungen für die Planung von Vortrieb und Abbau sowie auch zur Verbesserung der Technologie von beträchtlichem ökonomischem Nutzen für den Themensteller waren. Sehr viele Arbeiten interessieren einen größeren Kreis von Geologen. Die hier mitgeteilten Titel geben einen repräsentativen Querschnitt durch die vielseitigen Tätigkeiten der Absolventen und können bis auf die als „vertrauliche Dienstsache" gekennzeichneten Unterlagen ausgeliehen werden. Die Fachrichtung ist zu Auskünften gern bereit.

R. WASKOWIAK

AHRENS, H. (1962): Geophysikalische Bohrlochmessungen — ein wichtiges Hilfsmittel bei der geologischen Erkundung. 27 S., 20 Anl.

BACHMANN, G. (1959): Ingenieurgeologische Probleme bei der Erkundung eines Talsperrenobjektes. — 14 S., 7 Anl.

BARZANTNY, U. (1963): Ingenieurgeologische Spezialkarte für ein Teilgebiet der Stadt Schwerin, Maßstab 1:5000. — 21 S., 10 Abb., 12 Anl.

BAUER, J. (1959): Die Manganvorkommen am Braunsteinhaus bei Ilfeld. — 17 S., 4 Anl., 5 Abb.

BEISSERT, H. (1963): Grubenaufnahme, Betreuung der laufenden Bohrarbeiten und Einschätzung der Lagerstättenperspektive für eine industrielle Nutzung des Tonvorkommens Blankenberg. — 19 S., 15 Abb., 26 Anl.

BOY, W. (1963): Anfertigung von Qualitätskarten gemäß der bestehenden Betriebskondition für den Tagebau Geiseltal-Mitte, die für die einzelnen Schnitte als Abbaurichtlinie verwendet werden können. — 20 S., 2 Abb., 11 Anl.

BRANDEL, H. (1963): Paläogeographie des Zechstein 1 in Ostthüringen. — 15 S., 6 Anl.

BROSE, F. (1960): Die Profile der Tongrube Sternberg sind aufzunehmen und zu beschreiben. — 14 S., 15 Abb., 12 Anl.

BUSCHBECK, G. (1958): Untersuchung des Greisenstockes im Grubengebiet der Vierung mit Einschätzung seines mutmaßlichen Verlaufes nach der Teufe zu und Vorschlag der sich daraus weiter ergebenden Untersuchungsarbeiten. — 30 S., 7 Anl., 20 Abb.

BUSCHE, L. (1963): Lagerungsverhältnisse des Unteren Buntsandsteins im Nordteil des Mbl. Sangerhausen. — 27 S., 5 Abb., 11 Anl.

CLAUSS, H. (1963): Geohydrochemische Kartierung des Wasserversorgungsnotstandsgebietes im Norden des Kreises Oschersleben und im NW des Kreises Wanzleben (ca. 100 km²). — 28 S., 6 Anl.

DIETEL, M. (1960): Ingenieurgeologische Kartierung des Stadtgebietes Neustadt (Orla) im Maßstab 1:5000. — 23 S., 9 Abb., 1 Anl.

DUBSLAFF, H. (1959): Aufstellung des Normalprofils einer Porositätskurve im Hauptdolomit der Thüringer Mulde. — 16 S., 11 Anl.

ENGEWALD, G. (1960): Bearbeitung der Petrographie und der Stratigraphie der Bohrung Waddekath 21/60 im Teufenbereich 700 bis 1300 m (Alb, Dogger, Lias). — 18 S., 6 Abb., 11 Anl.

FANKHÄHNEL, H. (1960): Untersuchung und Einschätzung der Blei-Zink-Kupfererzperspektive nach der Teufe im Lagerstättenbereich Niederdorf-Steinrode. — 31 S., 16 Anl., 5 Abb.

FRITZSCHE, P. (1961): Die Bodenbildung in Abhängigkeit vom geologischen Ausgangsmaterial, dargestellt an Beispielen des Mbl. Salzwedel (3132). — 29 S., 8 Anl.

GÖBEL, H. (1962): Feinstratigraphische Aufnahme des Hauptdolomits der Struktur Guben. — 16 S., 10 Anl.

GURKAU, E. (1963): Montangeologische Bearbeitung der 1. Felsitzone von Halsbrücke. — 24 S., 13 Anl.

GÜRTLER, E. (1957): Die Gehalte an Zinn, Arsen, Molybdän, Wolfram und Wismut im Altenberger Greisen und ihre funktionellen Beziehungen. — 19 S., 10 Anl.

HAGE, E. (1956): Durch eine eingehende Untertagekartierung sind die stratigraphischen und tektonischen Verhältnisse des oberen Eisenerzhorizontes in der Grube Gebersdorf (Grubenfeld II) zu klären. — 20 S., 6 Anl., 11 Abb.

HAHN, A. (1959): Die Beziehungen zwischen refraktionsseismisch ermittelten Geschwindigkeiten und den Ergebnissen der Tiefbohrungen in den Gebieten Peckensen-Waddekath. — 20 S., 9 Anl., 4 Abb.

HERTEL, E. (1961): Verbreitung, Mächtigkeit sowie Lagerungsverhältnisse von Rohstoffen in den Hangendschichten des 2. Lausitzer Flözes im Vorfeld des Tagebaues Klettwitz. — 23 S., 4 Abb., 33 Anl.

HESSEL, W. (1962): Untersuchung der geplanten Arbeitsebenen im Neuaufschluß Roßbach unter Berücksichtigung der geologischen Verhältnisse. — 18 S., 9 Anl.

HETZER, W. (1956): Die Schichtenfolge und Tektonik im Untersuchungsschacht Görkwitz. — 24 S., 3 Anl., 7 Abb.

HOLLAND, K. (1961): Die Kies- und Sandgruben im Bereich des Elbtales zwischen Pirna und Dresden. — 39 S., 8 Abb., 96 Anl.

HOLZAPFEL, C. (1960): Die Anwendung geoelektrischer Untertageverfahren zur Erkundung sulfidischer Eisenerze, dargestellt am Beispiel einer Pyritlagerstätte im Harz. — 18 S., 10 Abb., 10 Anl.

KALISCH, E. (1959): Die Bedeutung der Dichtebestimmungen von Gesteinen für die geologische Deutung gravimetrischer Untersuchungen. — 24 S., 7 Anl.

KAUFMANN, S. (1959): Untersuchen Sie die Hauptfaktoren der Bi-Co-Ni-Vererzung, die erzausfällend wirken. — 30 S., 19 Anl., 5 Abb.

KELLER, H.-J. (1957): Verteilung der Bi-, Co-, Ni-Minerale in den Lagerstätten von Johanngeorgenstadt. — 33 S., 9 Anl., 1 Abb.

KURZWEIL, E. (1959): Ingenieurgeologische Begutachtung einer (zwei) Ortschaft(en) im Bezirk Potsdam oder Frankfurt/O. — 22 S., 3 Abb., 6 Anl.

KUSCHKA, E. (1957): Die petrographische Beschaffenheit und der tektonische Bau der metamorphen Schieferserie des Treppenhauers bei Sachsenburg. — 21 S., 17 Anl., 16 Abb.

LANG, H. (1960): Untersuchung über das Vorhandensein eines Mineralzonings innerhalb der Bi-Co-Ni-Formation der Lagerstätte Niederdorf-Steinrode. — 40 S., 3 Abb., 6 Anl.

LANGE, M. (1961): Ingenieurgeologische Begutachtung des Stadtgebietes Zehdenick unter Berücksichtigung der Tonvorkommen. — 27 S., 2 Abb., 13 Anl.

LANGER, S. (1962): Flöz-Parallelisierung auf Grund chemischer Kohleanalysen und makropetrographische Beschreibungen an Braunkohlen der Egelner Mulde. — 22 S., 30 Anl.

LAUE, W. (1961): Bestimmung der zweckmäßigsten Lage, der Teufe und der erforderlichen Materialien für Filterbrunnen zur Abriegelung des Grundwasserzuflusses aus dem Westen und Südwesten (Vorentwässerung des Baufeldes Geiselröhlitz). — 28 S., 4 Abb., 6 Anl.

LENK, G., & K. OTT (1957): Die Verbreitung der Skarngesteine im Gebiet des Schwarzenberger Kübels und Erstreckung der Erzmineralien in Skarngesteinen, abhängig von der Entfernung zu den Graniten. — 40 S., 1 Abb., 19 Anl.

LIEBISCH, K. (1957): Die derzeitige geologische Situation der Grube Silberbach und ihre Perspektive. — 27 S., 3 Anl.

LIEPACK, C. (1963): Der 1. Lausitzer Flözhorizont in den Raunoer Schichten des Miozän im Tagebaufeld Klettwitz. — 26 S., 9 Abb., 14 Anl.

LINKERT, K.-H. (1959): Diskussion der verschiedensten Arten der geologischen Probenahme und Herausarbeitung der günstigsten Methode als Grundlage für die Vorratsberechnung der Bi-Co-Ni-Vererzung der Lagerstätte Niederschlema/Alberoda. — 30 S., 3 Anl., 4 Tab.

LORENZ, H. (1959): Die Böden im Weststoß des Tagebau-Neuaufschlusses Borna-Ost entlang der Freileitung. — 30 S., 2 Anl., 15 Abb.

LÖSER, R. (1959): Aufnahme und Beschreibung der Kreidekalkgrube Saßnitz (Küsterscher Bruch). — 20 S., 10 Anl., 11 Abb.

MARTIN, K.-H. (1958): Auswertung reflexionsseismischer Messungen für die Kartierung erdoberflächennaher Bodenschichten im Raum Karstädt-Marnitz. — 20 S., 9 Anl.

MEDER, E. (1962): Untersuchung der 1963 notwendigen Bekiesungsmaßnahmen entsprechend der gestellten Planauflage in den Tagebauen Muldenstein. — 29 S., 9 Anl.

MEHNERT, H. (1959): Auswertung der bereits durchgeführten Hammerbohrungen am Oberbecken der Amalienhöhe. — 15 S., 24 Anl.

MEYER, H. (1962): Ermittlung der Kalksteinvorräte auf dem Buchenberg b. Krölpa. — 1 Abb., 6 Anl.

MÜLLER, K. (1963): Geologische Aufnahme, Korngrößen- und Schwermineralverteilung der Düne von Prerow-Zingst. — 17 S., 1 Abb., 11 Anl.

MÜLLER, M. (1963): Feinstratigraphische Gliederung des Röts der Struktur Guben nach bohrlochgeophysikalischen Messungen. — 19 S., 11 Anl.

NEUMANN, W. (1962): Geologische Aufnahme des Steinbruches der Ziegelei Schöneck-Tannenhaus. — 27 S., 9 Anl., 18 Abb.

OTTO, U. (1963): Projektierung eines Pegelnetzes für den Bereich des Tage baues Mücheln unter Berücksichtigung der neuen Rutschungsrichtlinien vom 20. 9. 1962. — 25 S., 12 Anl.

PAUL, C. (1963): Petrographische Ausbildung und stratigraphische Gliederung des Malm in den Bohrungen Potsdam. S. 1 bis S. 12. — 33 S., 7 Anl., 3 Abb.

PIELERT, P. (1960): Kartierung der Grenze Carnallit/Sylvinit im Bereich der 1. nördl. Abt. Westen/Osten der Schachtanlage Dietlas (2. Sohle) und Aufnahme der Klüfte sowie Herstellung einer Strukturkarte. — 38 S., 1 Abb., 18 Anl.

POHLENZ, R. (1957): Feinprofile durch den Unteren Buntsandstein in den Rogensteinbrüchen von Gröna bei Bernburg. — 28 S., 7 Anl.

POLLER, S. (1963): Kartierung und Beschreibung der Steineinlagerungen im Baufeld III des VEB BKW Harbke. — 23 S., 5 Abb., 32 Anl.

POLLESCHNER, G. (1962): Aufstellung eines petrographisch-stratigraphischen Normalprofils der Struktur (Anomalie) Potsdam nach Kernmaterial und Bohrlochgeophysik von 6 Bohrungen. — 24 S., 10 Anl., 1 Abb.

PRIEBE, A. (1962): Spülungsverluste bei Erdölbohrungen und ihre bisherige Bekämpfung im Thüringer Becken. — 25 S., 2 Anl.

REX, M. (1959): Nachkartierung der Nordgrenze des Breslau—Magdeburger Urstromtales zwischen Haidemühl und Gosda, verbunden mit der Untersuchung der hydrologischen Verhältnisse. — 15 S., 12 Anl.

RICHTER, G. (1959): Entwurf und Diskussion der geologischen Profile durch die Bohrungen Spremberg 13—50—29—11 E und durch die Bohrungen Spremberg 3—14—15—53—18. — 20 S., 6 Anl.

ROST, K. (1957): Geologische Aufnahme der Muschelkalkbrüche bei Groß-Börnecke, Krs. Staßfurt, unter dem Gesichtspunkt der weiteren Verfolgung der Werksteinbänke durch Schürfe. — 27 S., 4 Anl., 17 Abb.

SCHADOCK, M. (1963): Tektonische Analyse des Steinbruches Dreihansen bei Lößnitz im Bereich der Lößnitz/Zwönitzer Zwischenmulde. — 31 S., 4 Abb., 21 Anl.

SCHARFE, H. (1959): Zusammenstellung und Auswertung der Kartierungsbohrungen in SW-Brandenburg. — 11 S., 8 Anl.

SCHEFFLER, W. (1962): Fertigen Sie eine Vorratsberechnung des noch unverritzten Flözes I im Bereich des ehemaligen Tagebaues „Fürst Bismarck" an. — 18 S., 6 Anl.

SCHEIBE, G. (1962): Die Granatfelseinlagerungen im Granat-(Pyrop-) Serpentinit von Rubinberg bei Greifendorf (Sächsisches Granulitgebirge). — 25 S., 6 Anl., 18 Abb.

SCHIWEK, P. (1963): Sedimentologische Untersuchungen an Kulmprofilen. — 38 S., 13 Abb., 11 Anl.

SCHNEIDER, B. (1963): Darstellung und Beschreibung der hydrologischen Verhältnisse im Bereich des Schachtes 2 des Kohlenfeldes Nochten auf der Grundlage von Bohrergebnissen und hydrologischen Meßwerten. — 77 S., 30 Anl.

SCHMIEDGEN, W. (1956): Geologische Aufnahme und Beschreibung der vulkanischen Fazies des Oberdevons im Steinbruch Oberplanitz. — 28 S., 2 Anl., 17 Abb.

SCHUBERT, S. (1961): Kartierung der Muschelkalk/Röt-Grenze zwischen Querfurt und Lodersleben nebst Bohrvorschlag zur Erkundung von Zementrohstoffen. — 27 S., 14 Abb., 6 Anl.

SCHUHMANN, E. (1962): Anfertigung und Diskussion einer Isopachenkarte des Plattendolomites Ca 3 vom Thüringer Becken. — 11 S., 6 Anl.

SEEGER, J. (1963): Ingenieurgeologische Spezialkarte für ein Teilgebiet der Stadt Schwerin. Maßstab 1:5000. — 25 S., 2 Abb., 12 Anl.

SEIFERLIN, G. (1961): Zur Abwendung von Rutschungen für die Jahresabschnitte bis 1965 ist die Lage des Bändertones aus Bohrungen zu ermitteln und darzustellen und daraus Schlußfolgerungen für die Betriebsführung zu ziehen (VEB BKW Ammendorf). — 21 S., 4 Abb., 3 Anl.

SKIBA, H. (1956): Geologische Aufnahme und Beschreibung der Braunkohlengrube Pieskowitz. — 26 S., 4 Anl., 18 Abb.

TILGNER, G. (1963): Untersuchung der Lagerungsverhältnisse des Deckgebirges und der Braunkohlenflöze einschl. der hydrologischen Verhältnisse für die Jahresscheiben 1966 und 1967 im VEB BKW „Franz Mehring", Brieske-Ost. — 27 S., 27 Anl.

TISCHER, W. (1963): Untersuchung der Lagerungsverhältnisse sowie der Schichten hinsichtlich rutschbegünstigender Eigenschaften für die im Tagebau Goitsche gelegene stärkere Flözabsenkung (Döbener Loch). — 31 S., 5 Abb., 9 Anl.

TORNUSS, G. (1963): Das Pleistozän im Wippertal zwischen Großschierstedt und Amesdorf (Mbl. Güsten). — 31 S., 8 Abb., 6 Anl.

TREVIRANUS, H. (1963): Untersuchung der Ziegeleigrube von Bad Freienwalde/O. und benachbarter Aufschlüsse im Hinblick auf die glazigene Dynamik in diesem Gebiet. — 17 S., 26 Anl.

VOGT, R. (1963): Montangeologische Bearbeitung des Owo Spats von Brand. — 27 S., 6 Anl.

VULPIUS, R. (1961): Ermittlung der günstigsten Ansatzpunkte für die 8 Filterbrunnen, die lt. Projekt für das Jahr 1962 zur Entwässerung des Vorgeländes im Baufeld VI des VEB BKW Heide vorgesehen sind. — 24 S., 46 Anl.

WAGNER, K. (1962): Lagerstättenkundliche Bearbeitung des Eisenerzreviers Bomshai. — 25 S., 6 Anl., 5 Abb.

WALTER, G. (1963): Geologische Untersuchung der Jahresscheibe 1964 im Tagebau Seese-West für die Jahrestechnologie 1964. — 27 S., 13 Anl.

WAWRZIK, M. (1958): Die Lagerstättenverhältnisse beim Schamottetonvorkommen Guttau (Krs. Bautzen), südl. der Straße Bautzen—Niesky, beurteilt und dargestellt auf Grund einer Reihe von eigenen geologischen Teiluntersuchungen. — 37 S., 6 Anl., 4 Abb.

WEBER, K. (1963): Untersuchung der Grenze Ordovicium/Silur im Bereich der Grube Berta. — 28 S., 15 Abb., 3 Anl.

WEHNER, H. (1963): Geologische Untersuchung der Jahresscheibe 1964 im Tagebau Schlabendorf-Nord für die Jahrestechnologie 1964. — 27 S., 26 Anl.

WENIG, K. (1961): Kartenmäßige Darstellung der Verbreitung der Roten Fäule und der Dünen im Bereich der Flügel 6 und 17 des Max-Lademann-Schachtes. — 24 S., 5 Abb., 5 Anl.

WOHLGEMUTH, H. (1958): Beschreibung und Klärung der Kontakte zwischen kohlenstoffführendem Serizitschiefer und Streifenamphibolit. — 34 S., 16 Anl.

ZIBULLA, A. (1961): Untersuchung des kulturfähigen Bodens im Vorfeld des Tagebaues Haselbach. — 31 S., 7 Abb., 22 Anl.

Nachrichten und Informationen

Erdöl / Erdgas

Das Erdgas im Vormarsch

Die USA decken bereits 28% ihres Energiebedarfs mit Erdgas, in der UdSSR wird dieser Anteil bis 1970 voraussichtlich 23% erreichen, und auch Westeuropa ist auf dem Wege, seinen Erdgasverbrauch entsprechend zu steigern. Dabei werden das Erdgas von Afrika und das der großen holländischen Vorkommen die Hauptquellen sein. Die Transportfrage spielt bei dieser Entwicklung die Hauptrolle. Die erforderlichen Fernleitungen befinden sich noch im Stadium der Projektierung. In Afrika ist eine Gasleitung nach dem Mittelmeerhafen Arzew geplant. Die Vorschläge für eine Leitung durch das Mittelmeer scheinen jedoch ihrer Realisierung einstweilen nicht näherzurücken. Das Gas soll vielmehr in Afrika bei minus 161° verflüssigt und sodann durch Tanker nach England und Frankreich verschifft werden.

Die 1100 Mrd. m³ in Holland aber warten ebenfalls auf die Verlegung der großen Leitungen, die durch Westdeutschland und bis in die Schweiz und nach Österreich führen sollen. Ihr Bau dürfte, da eine Einigung über das Projekt erzielt wurde, sehr bald in Angriff genommen werden. Die Holländer beabsichtigen, 44 Mrd. m³ Erdgas jährlich zu produzieren, wovon 6 Mrd. nach Westdeutschland fließen würden. Diese würden zu den 17 Mrd. m³ Gas aus Kohle hinzukommen, die dort 1962 produziert wurden, aber den Wert von 12 Mrd. m³ Gas aus Kohle darstellen, da das Erdgas entsprechend höheren Heizwert hat („Die Zeit", Hamburg, 6. 12. 1963). Die westdeutsche Eigenförderung von Erdgas, die besonders durch die neuen Funde zwischen Weser und Ems neuen Auftrieb erhalten hat, kommt dann auch noch hinzu.

—Ha—

Der junge Erdölproduzent Afrika

Die Förderung von Erdöl in Libyen und der Sahara hat sich in den letzten Jahren in einem Tempo entwickelt, das alle Erwartungen übertraf. 1959 waren es rund 1 Mill. t, die nur in der Sahara produziert wurden. Von Libyen war noch kaum die Rede. 1962 wurden in beiden Gebieten zusammen bereits 29 Mill. t gefördert. Die Produktion von 1963 aber wird auf 42 Mill. t geschätzt. Die Erkundung neuer Vorräte hält Schritt mit der Produktion. Die als gesichert zu betrachtenden Reserven sind in der algerischen Sahara auf 840 Mill. t und in Libyen auf 585 Mill. t angewachsen. Der Hauptverbraucher des enormen neuen Erdölstroms ist natürlicherweise Westeuropa, das seinen ständig wachsenden Bedarf nunmehr zu einem erheblichen Teil unter wesentlich geringeren Transportkosten decken kann, als es das Öl des Nahen Ostens erfordert. Ein Tanker legt von Kuweit bis Marseille hin und zurück 17800 km, von Bougie in Algerien bis Marseille aber nur 1500 km und von Libyen bis dorthin mit Hin- und Rückfahrt 3700 km zurück. Von den Mittelmeerendpunkten der Pipelines aus Irak und Saudiarabien bis Marseille und zurück fahren die Tanker noch 5000 km. Der Anteil des Nahen Ostens an der Ölversorgung Westeuropas ist daher von 1959—1962 von 82,5% auf 67,5% zurückgegangen, während gleichzeitig der Anteil Nordafrikas auf 13,5% anstieg („Erdöl-Nachrichten", Hamburg, 9. 11. 1963). Frankreich erhält allein 34,8% des afrikanischen Erdöls. —Ha—

Erdölbohrungen vor der tunesischen Küste

Nach bisher erfolgloser tunesischer Erdölsuche im südlichen Teil des Landes (Sahara) ist Tunesien nunmehr bemüht, die Erdölsuche entlang der gesamten Ostküste des Landes bis zum Cap Bon auszudehnen („Brennstoff-Chemie", 10/1963).

Durch einen Erdgasfund in einem 50 km langen und 30 km breiten, nahe dem Orte Korba gelegenen Streifen werden jetzt beträchtliche Hoffnungen auf Bohrungen gesetzt, die auch im Meer niedergebracht werden sollen. Die bei der Ortschaft Korba gelegenen Methanvorkommen werden zur Versorgung der tunesischen Hauptstadt genutzt. Auch im Golf von Gabes glaubt man Erdöl anzutreffen. —s—

Die „Erdgasschiene" Groningen—Salzburg

Das in den letzten Monaten 1963 vielumstrittene Projekt der großen Erdgasleitung, durch die das Erdgas der holländischen Provinz Groningen bis in die Schweiz und nach Österreich fließen soll — man spricht von einer „transkontinentalen Erdgasschiene" —, nimmt festere Form an. Die Leitung soll den Rhein entlang bis Karlsruhe und von dort in zwei Zweigen bis nach Basel und Salzburg laufen und bei 1 m Durchmesser etwa 900 km lang werden. Der künftige Jahrestransport wird auf 6 Mrd. m^3 berechnet („Erdöl-Zeitschrift", Wien, Okt. 1963). —Ha—

Pipeline Genua—Aigle in Betrieb

Von der Pipeline, die über das Mittelmeer verschifftes afrikanisches und nahöstliches Erdöl von Genua über die Alpen bis nach Ingolstadt transportieren soll, ist seit August 1963 das Teilstück von Genua bis Aigle in der Schweiz voll in Betrieb. Die Leitung führt zunächst mit 66 cm ⌀ nach der neuen Anic-Raffinerie bei Pavia. Bei Ferrera vor Pavia zweigt sie ab, läuft mit 46 cm ⌀ bis Chivasso, dann mit 41 cm ⌀ durch das Aostatal und über den großen St. Bernhard (1920 m Höhe) und erreicht die Raffinerie Aigle im Kanton Wallis mit 31 cm ⌀. In Ferrera und Chivasso befinden sich Tanklager. Die Fertigstellung der Fortsetzung bis zur Südpetrol-Raffinerie bei Ingolstadt wird im Frühjahr 1964 erwartet. Sie wird bei Zech, östlich von Lindau, die Schweiz verlassen und von dort bis zur Pumpstation Altheim 97 km Länge, von dieser bis Ingolstadt 135 km Länge haben. —Ha—

Sonstiges

Energiewirtschaftliche Probleme in Ungarn

Noch vor einem Jahrzehnt stützte sich die ungarische Energiewirtschaft fast ausschließlich auf eigene Braunkohle. Um den jährlich um 8 bis 10% steigenden Energiebedarf befriedigen zu können, mußte die Förderung von Kohle geringerer Qualität rasch gesteigert werden. Bis 1965 wird sich die Braunkohlenförderung allerdings jährlich nur noch um 2 bis 3% erhöhen. Der Anteil der Kohle am gesamten Energieverbrauch wird sich 1965 auf 66% (1960 betrug er 74%) reduzieren. Die schnelle Steigerung des Erdöl/Erdgasanteils an den Energiequellen ist auf Steigerung der inländischen Erdöl- und Erdgasförderung und auf Importe aus der Sowjetunion zurückzuführen („Braunkohle", 9/1963). Außerdem werden bedeutende Erdgasmengen von Rumänien geliefert. —s—

Die ungarische Bergwirtschaft

In der sich nach dem zweiten Weltkrieg rasch entwickelnden ungarischen Bergwirtschaft bestimmen besonders Bauxit, Mangan- und Uranerz, Erdöl und Erdgas sowie neuerkundete Lagerstätten von Braunkohle und Lignit, Bentonit, Kaolin, Diatomeenerde, feuerfester Ton und Gießereisand das bergwirtschaftliche Bild des Landes. Daneben sind auch Vorkommen von Gold, Silber, Bleiglanz und Arsen erwähnenswert.

Die Bauxitgewinnung entwickelte sich („Erzbergbau und Metallhüttenwesen", 11/63) wie folgt:

Jahr	Bauxitgewinnung 1000 t	Bauxitausfuhr in % der Produktion
1925	0,4	100,0
1933	540,7	67,1
1943	997,5	
1949	561,0	58,1
1954	1260,0	62,1
1957	917,0	50,1
1958	1053,0	51,1
1959	937,8	49,7
1960	1189,9	41,9
1961	1366,1	51,3
1962	1473,0	48,8

Die wichtigsten ungarischen Bauxitlagerstätten sind vor allem im Transdanubischen Mittelgebirge zu finden. Von Bedeutung sind weiter die Vorkommen nördlich Budapest im Pilis-Gebirge, bei Vác (Waitzen) im Naszály-Gebirge, im Villányer Gebirge, nordwestlich Székesfehérvar (Stuhlweißenburg) bei Iszkaszentgyörgy und Gánt. Iszkaszentgyörgy und Gánt sind mit je etwas über ein Drittel an der Produktion des Landes beteiligt.

Das ungarische Manganerz steht in seiner Bedeutung in Europa hinter der Sowjetunion an zweiter Stelle. Das jurassische Meeressediment füllt Höhlen des Kalksteins auf. Die reichen, an das Transdanubische Mittelgebirge gebundenen Vorräte decken den Bedarf des Landes. Im Jahre 1957 wurden 162000 t Manganerz mit einem Mn-Gehalt von 38000 t produziert.

Etwa 90% der Landesproduktion kommen aus den westlich bzw. nördlich von Veszprém gelegenen Lagerstätten Úrkút und Eplény. Der Mangangehalt von 22—24% wird auf 37 bis 38% angereichert. Uranerz tritt im Mecsek-Gebirge (Transdanubien) auf. Das in der Nähe von Pécs (Fünfkirchen) vorkommende Erz gilt als Denudationsprodukt von Graniten und hat sich Ende des Paläozoikums in Sandsteinen konzentriert.

Nach dem zweiten Weltkrieg hat sich die Erdöl- und Erdgasgewinnung zunehmend nach dem Alföld verlagert. Die Lagerstätte Lispe liefert Erdöl mit einem Benzingehalt von 30%. Das mesozoische Öl von Nagylengyl ist reich an Bitumen und enthält nur 4% leichtes Benzin. In nahezu sämtlichen Erdölstrukturen findet sich auch Erdgas.

Jahr	Erdöl- und Erdgasproduktion	
	Erdöl 1000 t	Erdgas Mill. m^3
1938	43	15
1949	506	393
1954	1217	572
1955	1601	554
1957	675	436
1958	821	414
1959	1036	387
1960	1217	429
1961	1457	470
1962	1641	509

Die Komlóer Steinkohle erreicht einen Heizwert von 5250 WE und kann teilweise verkokt werden. 1958 betrug die ungarische Förderung 2,63 Mill. t (11%) Steinkohlen,

17,77 Mill. t (73%) Braunkohlen und 3,84 Mill. t (16%) Lignite.

Neuerdings werden Lagerstätten von Kieselgur, Kaolin und Bentonit abgebaut. Der von der Industrie begehrte Bentonit wird teilweise ausgeführt. —s—

Die Eisenerze Sibiriens

Die Eisenhütten im Kusnezkgebiet Westsibiriens mußten lange Zeit hauptsächlich aus dem weitab am Südural gelegenen Magnitogorsk mit Erzen beliefert werden, da ihnen eine nahe Erzbasis fehlte. Die kleinen, nach Aufbau und Erzqualitäten überdies ungünstigen Lagerstätten von Bergschorien und Chakasien (Taschtagol, Temir Tau u. a.) reichten nicht aus. Seitdem jedoch bei Kolpaschewo (rd. 200 km nördlich von Tomsk) eine große sedimentäre Eisenerzlagerstätte entdeckt wurde, ist die Basis vorhanden. Die Erze lagern in 160 und 240 m Teufe zwischen Oberkreidesedimenten; sie haben zwar nur 27—40% Fe-Gehalt, die Lagerstätte ist aber sehr umfangreich, sie umfaßt mehr als 150 Mrd. t.

Ostsibirien ist reich an bedeutenden Eisenerzvorkommen, die aber z. T. in wenig erschlossenen Gebieten liegen, so daß sich die Förderung nur zögernd entwickelt. Das gilt auch für die sehr bedeutenden, aber abgelegenen Lagerstätten von Rudnogorskoje und Korschunowskoje, die 46% Fe enthalten. Ferner liegen im Südaldangebiet die kontaktmetasomatischen Lagerstätten Taeschnoe und Sivaglinskoje, deren Erze 50% Fe enthalten. Sie liegen nahe bei großen Koks-Kohle-Lagerstätten. Auch an der unteren und mittleren Angara liegen sedimentäre Eisenerzlagerstätten, deren Abbau sich erst in der Zukunft entwickeln wird; im ersteren Gebiet das Angara-Pit-Revier, im letzteren das Angara-Ilim-Revier. Die Erze sind hier altpaläozoischen sandig-tonigen Sedimenten zwischengelagert. —Ha—

Manganbezirk Serra do Navio (Brasilien)

Im Nordwesten Brasiliens liegen die stark gefalteten Manganerzlagerstätten von Serra do Navio. Die am Amapari-Fluß (einem nördlichen Nebenfluß des Amazonas) in präkambrische Amphibolitschiefer eingebetteten Vorkommen lagen primär als sedimentäre Horizonte vor und bestanden vorwiegend aus verunreinigtem Mangankarbonat. Infolge einer seit dem Tertiär andauernden lateritischen Verwitterung sowie durch Metamorphose kam es zur Anreicherung der Erze. Am jetzigen Aufbau der Lagerstätte sind besonders Psilomelan und Pyrolusit beteiligt. Daneben finden sich Reste der primären Minerale, vor allem Rhodochrosit. Die Lagerstätte ist 10 km lang („Erzbergbau und Metallhüttenwesen", 9/1963); ihre Förderung wird mit 2000 tato angegeben. —s—

Jurassische Braunkohle im Braunkohlenbecken von Kansk-Atschinsk (Westsibirien)

In Form einer synklinalen Falte tritt im Braunkohlenbecken von Kansk-Atschinsk (im Süden Westsibiriens) eine Braunkohle jurassischen Alters auf. Der Abraum der im Tagebau Nazarovka aufgeschlossenen Kohle schwankt zwischen 12 und 48 m, die Flözmächtigkeit zwischen 13 und 21 m („Braunkohle", 10/63). Das A:K-Verhältnis beträgt 1,54:1. Der mittlere Aschegehalt erreicht 10,5%, der Wassergehalt 38%, der Schwefelgehalt 0,15 bis 0,4%. Der Heizwert wird mit 3000 kcal, bezogen auf wasser- und aschefreie Substanz 6000 bis 6700 kcal, angegeben. Das spezifische Gewicht der durch geringe Abriebfestigkeit zur Staubbildung neigenden Kohle liegt bei 1,25.

Die Kohle dient als Brennstoffbasis für ein Elektrizitätswerk. Die Förderung des seit 1958 aufgeschlossenen Tagebaus beträgt konstant 4 Mill. t. Sie soll 1963 auf 8 Mill. t gesteigert worden sein und 1965 10 Mill. t erreichen. —s—

Rauchlose Kohle

Ein Verfahren zur Herstellung einer leicht entzündbaren Halbkohle, bei dem die Rohkohle (Steinkohle oder auch Braunkohle) bei einer Temperatur von 700°C verkokt wird und ihren Gasgehalt behält, während der Teer entfernt wird, wurde in Großbritannien entwickelt. Diese Halbkohle, von der gegenwärtig etwa 100000 t jährlich vorgesehen sind, soll völlig rauchlos verbrennen. Sie kann auch in kleinen Anlagen hergestellt werden. —Ha—

Die Phosphate Senegals

Senegal verfügt über reiche Vorkommen von Phosphaten, die von höherer Qualität sein sollen als die marokkanischen, algerischen und tunesischen Phosphate. Die Compagnie Sénégalaise des Phosphates de Taiba in Dakar steigerte die Produktion von Kalkphosphaten 1962 von 406970 t im Vorjahr auf 497000 t. Die Gesellschaft projektiert bereits eine Jahresproduktion von 1 Mill. t. Die Produktion von Aluminiumphosphat durch die französische Compagnie Pochiney übertraf mit 141400 t die Vorjahresproduktion (139400 t) nur leicht. An dehydriertem Aluminiumphosphat wurden 41680 t gegenüber 31190 t (1961) produziert. —Ha—

Die Bauxite von Guinea

Die Gewinnung von 1 Mill. t Bauxit aus den reichen Vorkommen von Boke in Guinea ist das Ziel der ersten Phase eines Abbauprojekts, das von der Regierung der Republik Guinea mit der amerikanischen Harvey Aluminium AG vereinbart wurde. Für die Ausbeutung des Vorkommens sind u. a. der Bau einer Eisenbahn von 130 km Länge und die Anlage eines Umschlaghafens erforderlich. Auch der Bau eines Werks für Aluminiumerzeugnisse ist in Guinea geplant. —Ha—

36 m lange Kerne mittels Diamantkernrohren

Versuche mit einem Christensen-Diamant-Doppelkernrohr von $6^3/_4''$ zu $4''$, die in Nordwestdeutschland durchgeführt wurden, erbrachten Kerne von 36 m Länge. Da sich durch die Gewinnung so langer Kerne — die ersten Versuche gelangen in der Sahara — Einsparungen erzielen lassen, soll nunmehr eine Bohrung auf Kerne von 54 m Länge niedergebracht werden. Die genannten Doppelkernrohre können jedoch nur in Formationen eingesetzt werden, in denen keine Verklemmungen zu erwarten sind. —Ha—

Seismische Wellen durch Fallgewichte

Um die durch Explosionsseismik besonders in dicht besiedeltem Gelände angerichteten Schäden zu vermeiden, ist man mehrfach dazu übergegangen, die zu messenden Wellen statt durch Explosionen durch Fallgewichte zu erzeugen. Eine dafür geeignete Apparatur hat u. a. die Humble Oil & Refining Co., Houston (Texas), entwickelt, über die „Erdöl und Kohle", Sept. 1963, S. 989, berichtet. Ein schweres dreiachsiges Fahrgestell trägt an einem hydraulisch bewegten Schwenkarm eine 2,7 t schwere, einer Schlachtschiffpanzerplatte entsprechende Platte und läßt sie am vorgesehenen Ort in genau gemessenen Zeitabschnitten aus 2,70 m Höhe fallen. Die Registrierung der Wellen erfolgt wie üblich. Die genannte Gesellschaft will damit eine Kosteneinsparung bis zu 50% erzielt haben. —Ha—

Das ungelöste Problem des „Atommülls"

Die Nutzung der Kernumwandlung zur Energieerzeugung hat in mehreren Ländern in erheblichem Umfang begonnen; in der UdSSR, den USA und in England sind bereits Atomreaktoren von großem Ausmaß in Betrieb, und ohne Zweifel wird die Atomenergie in den kommenden Jahrzehnten angesichts des wachsenden Weltenergiebedarfs eine immer größere Rolle spielen. Die Frage der Beseitigung der radioaktiven Abfälle ist aber noch ungelöst und wird mehr und mehr zu einem bedrohlichen Problem. Das heute übliche Verfahren, angeblich weniger schädliche Abfälle ins Meer zu schütten, wird von Experten als unverantwortlich bezeichnet. In den USA wurden die dort in 14 Jahren angesammelten Abfälle (260 Mill. Liter) in absorbierenden und hitzewiderständigen Stahlbehältern abgelagert, die 162 Mill. $ kosteten, aber ihren Zweck keineswegs vollkommen erfüllen. Um das Jahr 2000 werden einer Schätzung nach („Industriekurier", Düsseldorf, 24. 9. 1963) für diese „Atomsärge" jährlich 400 Hektar „Begräbnisplätze" erforderlich sein. Atomsärge von größtem Ausmaß und sehr schlechter Qualität aber werden einmal die Atomreaktoren sein, sobald sie nämlich unbrauchbar geworden sind, was aber ihre radioaktive Verseuchung nicht vermindert. Was mit diesen dann geschehen soll — den englischen Reaktoren wird z. B. eine Lebensdauer von 20—25 Jahren zugesprochen —, ist ein Problem, über das man heute noch hinweggeht, das aber einmal sehr ernst werden wird, denn einige Abfallprodukte werden erst in mehreren 1000 Jahren unschädlich.

—Ha—

Ein geodätisches Gerät, insbesondere Grubenmeßgerät

Ein interessantes geodätisches Gerät wird in einer schwedischen Patentschrift beschrieben. Es dient zum Vermessen und maßstäblichen Auftragen von Meßpunkten nach Richtung und Entfernung auf einen horizontalen Lageplan. Mit dem Meßtisch ist eine um eine vertikale Achse schwenkbare Beobachtungs- und Auftrageeinrichtung verbunden. Sie besteht aus einem dem Höhenwinkel nach einstellbaren Fernrohr und einem in der vertikalen Zielebene dieses Fernrohres parallel zum Meßtisch verschiebbaren Schieber. Dieser Schieber ist mit einer Kupplung zur Herstellung einer Verbindung zwischen dem Papier und dem Schieber versehen, die wahlweise betätigt werden kann. Sie ist so ausgebildet, daß das Papier an den Verschiebungen des Schiebers parallel zum Meßtisch teilnimmt, sobald die Mittel, die es in seiner Lage halten, in ihrer Wirkung aufgehoben sind. Die Bewegung des Papiers erfolgt also bei seiner Kupplung mit dem Schieber stets senkrecht zur Vertikalachse und parallel zur Vertikalebene durch die optische Achse des Fernrohrs. Dabei wird das Papier vom Meßtisch erst frei gemacht, wenn es mit Schieber verriegelt worden ist, und andererseits wird es vom Schieber erst frei gemacht, wenn die Verriegelung am Meßtisch erfolgt ist. Dadurch wird eine unerwünschte Drehung oder Verschiebung des Papiers ausgeschlossen. Die Verschiebung parallel zur Horizontaleinstellung des Fernrohrs geschieht nur in einer einzigen Richtung und kann so in kürzester Zeit erfolgen.

Dabei kann das Papier in drei Stützbeinen aufgerollt werden, so daß der Unterteil des Geräts nach keiner Richtung hin die volle Abmessung des Papiers zu haben braucht.

Der Übergang von einer Meßstelle A zu einer anderen Meßstelle B geht auf folgende Weise vor sich:

Beim Beginn der Messung liegt A in der Vertikalachse des Geräts, die mit einem Stich in dem am Meßtisch befestigten Papier markiert ist. Das Fernrohr wird gegen B gerichtet. Das Papier wird vom Meßtisch gelöst und ohne Drehung um die Strecke A—B im Kartierungsmaßstab versetzt. Die Versetzungsstrecke entspricht dem Horizontalabstand zwischen A und B in gerader Richtung gegen B. Danach wird

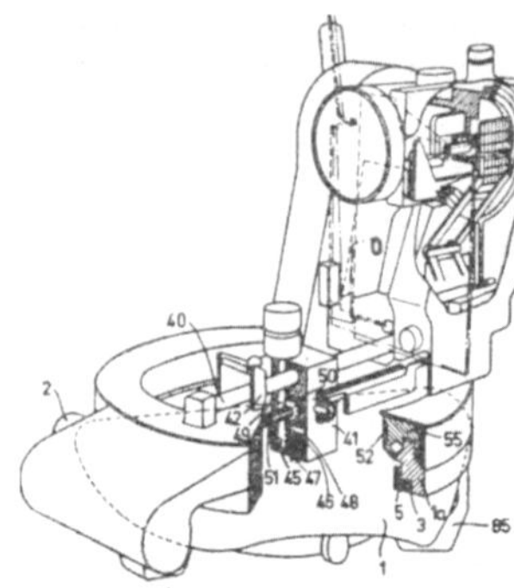

1 — Papier, 1a — Unterteil, 2 — Schneckenschraube, 3 — Ring, 5 — konzentrischer Ring, 40 — Schraube, 41 — Verriegelungsvorrichtung, 42 — Griff, 43 — Glied der Verriegelungsvorrichtung, 44 — Rädchen, 45 — Schraube, 46 — Platte, 47 — Nadel, 48 — aufragender Teil, 49 — Schraube, 50 — Ritzel, 55 — Ring

das Papier aufs neue am Meßtisch befestigt. Das Gerät wird nach B versetzt und mit umgeschwenktem Fernrohr gegen A eingestellt, ohne daß sein den Schieber enthaltender Oberteil in bezug auf das Papier gedreht wird. Damit ist sowohl in der Wirklichkeit als auch auf dem Papier der Übergang von A nach B vollzogen. Die Meßstelle B befindet sich jetzt in der Vertikalachse, und das Papier ist auf richtige Weise in bezug auf A orientiert. Auch B wird mit einem Stich im Papier markiert.

DBP.-Anm.: 1157792

H. Friedemann

Kurznachrichten

Die **Erdölproduktion** der **UdSSR** weist 1963 gegenüber 1962 eine Zunahme um 20 Mill. t auf, womit der Jahresplan erfüllt wurde.

Die **westdeutschen Erdölvorräte** werden im Jahresbericht 1963 der Industrie- und Handelskammer Hannover auf 113 Mill. t geschätzt; A. Bentz hält sogar einen Gesamtvorrat von 500 Mill. t für möglich, wobei auch die unter der Nordsee vermuteten Vorkommen berücksichtigt sind.

In der **kanadischen** Provinz Alberta wurden große Vorräte an schwerem **Erdöl** festgestellt, die die bisher dort gefundenen Leichtölvorräte an Umfang weit übertreffen sollen.

Die **Steinkohlenförderung** in **Frankreich** ging 1963 mit 50,1 Mill. t gegenüber dem Vorjahr um 5 Mill. t zurück.

Der **britische Steinkohlenbergbau** förderte 1963, den Angaben des National Coal Board nach, 201,5 Mill. long tons gegenüber 193,5 Mill. long tons im Vorjahr. Die Belegschaft wurde 1963 um 25600 Mann reduziert.

In **Oberbayern** wurden den Schätzungen nach 1963 1841800 t **Pechkohle** gefördert. Im Vorjahr waren es 1760000 t. Die Tagesförderung stieg von 5800 t auf 6100 t.

Die **westdeutsche Braunkohlenförderung** stieg 1963 gegenüber 101,25 Mill. t im Vorjahr auf 106,56 Mill. t, woran das Rheinland allein mit einer Mehrförderung von 4,7 Mill. t beteiligt war, während im Helmstedter Revier ein Rückgang eintrat.

In **Äthiopien** wurden beim Bau einer Eisenbahn im Gebiet von Kaffa und Chinhi westlich von Sidano Eisenerze von schätzungsweise 400000 t und in der Provinz Jemjem ein Vorkommen von goldführenden Erzen entdeckt.

Ihren bisherigen Höchststand erreichte 1962 mit 4,58 Mill. t nach einem mehrere Jahre ununterbrochenen Anstieg die **Weltkupferproduktion** (nach Angaben der USA-Bergbauverwaltung).

Die **Kupferförderung** in den **USA** ging 1963 mit 1,185 Mill. short tons gegenüber dem Vorjahr um 3% zurück. Auch die Kupferförderung in **Chile** zeigt 1963 einen leichten Rückgang: von 510228 t 1962 auf 507430 t.

In dem indischen Bundesstaat **Kaschmir** wurden bei Buniyar nahe Baramula reiche **Bleierzvorkommen** entdeckt, die sich über ein Gebiet von 8 km² ausbreiten.

Die **FSR Jugoslawien** wird 1964, einem am 13. 1. 1964 abgeschlossenen Vertrage nach, aus Jordanien 200000 t **Phosphate** erhalten.

Im südlichen **Israel** wurden **Phosphatvorkommen** von etwa 30 km² Oberflächenausdehnung entdeckt, deren ab 30 m Teufe beginnende Gesteine in den Unterschichten 30%, in den Oberschichten 24—28% Phosphatsäureanhydrit enthalten sollen. Die Schichten werden auf 120 Mill. t Gestein geschätzt, wovon 15 Mill. t sicher erkundet sein sollen.

In **Irland** wurde erstmalig eine **Aufschlußbohrung** von 20 m Teufe bis zur Endteufe von 1800 m **mit Luft** als Spülungsmittel gebohrt, wobei der Bohrfortschritt durchschnittlich 4 m/h betrug. Die Kosten der Kompressoranlage wurden schon bei dieser ersten Bohrung mit Luft durch den guten Bohrfortschritt ausgeglichen.

In den nächsten Heften

der

Zeitschrift für angewandte Geologie

erscheinen u. a. folgende Beiträge

J. Rentzsch: Der Kenntnisstand über die Metall- und Erzmineralverteilung im Kupferschiefer
A. Lenk: Über einige einfache Verwerferarten und ihre Schnittbilder
G. Seidel: Zur Endlaugenversenkung im Südharzkalirevier
St. Klír: Wärmegehalt von Thermalwässern in der ČSSR
Richtlinie der ZVK über die innere und äußere Kontrolle chemischer Analysen
E. A. Bars: Neue hydrochemische und hydrogeologische Untersuchungen in erdöl- und erdgasführenden Gebieten
W. Beyer: Die Erfassung von Grundwasserfließvorgängen mittels Farbstoffen in Verbindung mit Pumpversuchen
A. Thomas: Lageveränderungen und Deformationen von Bauwerken in Auslaugungsgebieten
P. Mandev: Geologische Erkundung von Erdöl und Erdgas in Bulgarien
G. Wolff: Die Bestimmung von Karbonat in Mineralen und Gesteinen

Herausgeber: Staatliche Geologische Kommission und Zentrale Vorratskommission für mineralische Rohstoffe der Deutschen Demokratischen Republik. Für die kollektive Chefredaktion: Dr. K. Kauter (Redaktionssekretär), Berlin. Redaktion: Berlin N 4, Invalidenstraße 44. Verlag: Akademie-Verlag GmbH, Berlin W 8, Leipziger Straße 3—4 (Fernsprecher 220441, Telex 011773, Postscheckkonto: Berlin 35021). Bestellnummer des Heftes 1047/10/5. Alleinige Anzeigenannahme DEWAG-WERBUNG, Berlin C 2, Rosenthaler Str. 28/31, und alle DEWAG-Betriebe in den Bezirksstädten der DDR. Die „Zeitschrift für angewandte Geologie" erscheint monatlich. Bezugspreis 2,— DM je Heft. — Satz und Druck: VEB Druckhaus „Maxim Gorki", Altenburg. Veröffentlicht unter der Lizenznummer 1279 des Presseamtes beim Vorsitzenden des Ministerrates der Deutschen Demokratischen Republik. Kartengenehmigung: Nr. 47, 327 und 473/64

FSC
www.fsc.org
MIX
Papier | Fördert gute Waldnutzung
FSC® C083411

Zeitfracht Medien GmbH
Ferdinand-Jühlke-Straße 7
99095 Erfurt, Deutschland
produktsicherheit@kolibri360.de